尤里卡文库

Understanding
Human Nature

Alfred Adler

理解人性

［奥］阿尔弗雷德·阿德勒　著

雍寅　译

湖南人民出版社

目录

作者序

本书旨在向大众普及个体心理学的基本原理。同时，还论证了这些原理在处理个人日常关系中的实际应用，其中不仅包括个人与世界、同胞的关系，还包括个人与其生活组织的关系。本书根据我在维也纳人民学院为期一年的演讲整理而成，这些演讲面向的是不同年龄段和不同职业的普通大众。本书的目的在于指出个人的错误行为将如何影响社会和公共生活的和谐，从而指导个人去认识自己的错误，并在最后向他展示如何与公共生活相协调的方法。商业或科学领域中的错误是代价高昂和令人痛惜的，而生活行为中的错误往往会危及生活本身。因此，阐明我们在更深入地理解人性方面的进展正是本书致力于完成的任务。

阿尔弗雷德·阿德勒

引言

人的命运取决于他的灵魂。——希罗多德

我们不能以过于自大的态度去看待研究人性的科学。相反，只有以谦虚的态度从事它的人才能理解人性。理解人性是一项艰巨的任务，自古以来，解决这个问题始终是我们的文化所要追求的目标。这门科学不能仅以培养个别专家为目的，它真正的目标应该是让每个人都能理解人性。对于那些认为自己的研究是科学团体的专有财产的学术研究者来说，这无疑会戳到他们的痛处。

由于孤立地生活，我们对人性都没有深刻的了解。过去的人们不可能像如今这样过着相互隔离的生活。我们从童年伊始就很少与人有联系。家庭使我们彼此孤立。我们的整个生活方式抑制了我们与同胞之间必要的亲密接触，而这恰恰对于发展理解人性所需的知识和技巧至关重要。

我们与同胞缺乏充分接触，所以我们变成了他们的敌人。仅仅因为我们没有充分了解人性，我们对待他们的方式常基于误解，我们的判断也往往是错误的。我们常常能够看到，人们擦身而过，各说各话，无法建立联系，因为他们视彼此为陌路。这不仅常见于社会中，甚至发生在家庭的小圈子里。我们最常听到的就是父母抱怨他们不能理解自己的孩子，孩子抱怨受到父母的误解。我们对待同胞的整体态度取决于我们对他们的理解，因此，理解他们的绝对必要性是建立社会关系的基础。如果人们对人性的认识更加充分，在一起生活就会更容易。这样一来，我们就可以消除令人不安的社会关系，因为我们知道，只有当我们不了解彼此，从而面临被表面的掩饰欺骗的危险时，才有可能产生这种不幸的关系。

现在，我们要解释，为什么要从医学的角度解决这一问题。这样做的目的是为这一广大领域中的一门精确科学奠定基础。我们还要确定这门人性科学的前提、它必须解决的问题以及可望从中产生的结果。

首先，精神病学是一门需要对人性有广泛认识的科学。精神病学家必须尽快地、准确地洞悉患者的心灵。在这一特定的医学领域中，我们只有对患者的心灵世界非常有把握时，才能有效地诊断、治疗和对症下药。我们绝不容许肤浅的理解。错误的理解很快就会招致惩罚，而准确地了解疾病才会得到治疗成功的结果。换句话说，这是对我们人性知识的一次非常有效的检验。在日常生活中，错误地评价他人不一定会即刻产生严重后果，因为这些后果可能会在错误发生很长时间之后才出现，以至于它们之间的联系并不明显。我们常常会惊讶地发现，在错误地判断一个人之后，要经过几十年，此行为所酿成的非常不幸的结果才会显现。这些惨痛的教训告诉我们每一个人掌握有效的人性知识的必要性和责任。

我们的研究表明，在神经疾病中发现的精神异常、情结和失误与正常个体的心理活动在结构上没有本质区别。我们看到的是同样的要素、同样的前提和同样的活动。唯一的区别在于，它们在神经疾病患者身上表现得更明显，更容易被识别。这一发现的好处是，我们可以从精神异常的案例中学习，擦亮双眼，在正常的心理生活中发现相关的活动和特征。这就需要任何职业都不可缺少的训练、热情和耐心。

第一个伟大的发现是：心灵生活的结构中最重要的决定性因素是在童年早期形成的。就其本身而言，这一发现并不惊人。各个时代优秀的研究者都有过类似的发现。然而新颖之处在于，我们现在能够将童年的经历、印象和态度（就我们能确定的而言）以一种必然和连续的模式与其之后的心灵生活的现象结合起来。通过这种方式，我们就能够将童年时期最早的经历和态度与之后成年个体的经历和态度作比较。在此，有这样一个重要的发现：心理生活的单个表现绝不能被视为自足的实体。只有把这些单个表现当作不可分割的整体的一部分时，我们才能理解它们；只有当我们确定这些表现在一般活动里和一般行为模式中的位置时，这些表现才能被评价——只有当我们能发现个体的整体生活方式，还清楚地了解其童年时的秘密目标与成人后的态度相一致时才能如此。简而言之，从心理活动的观点看，并没有发生任何变化，这已经以令人吃惊的清晰性被证明。某些心理现象的外化形式、具体表现和语言表达可能会发生变化，但是其基础、目标、动力，直接引导心理活动迈向最终目标的一切因素都恒定不变。具有焦虑性格的成年患者，他的思想总是充满了怀疑和不信任，他总是拼命将自己从社会中孤立出来，表现出与三四岁的时候相同的性格特征和心理活动，尽管这些表现在他们单纯的幼年时期更容易得到理解。因此，我们制定了一条规则，将研究的大部分内容指向所有患者的童年。这样一来，我们就掌握了一项技术，即在患者告诉我们他的现状之前，就能根据所了解到的他的童年来揭示他成年后的性格特征。我们认为，在一个成年人身上所观察到的东西就是他童年经历的直接投射。

我们了解到患者最生动的童年回忆，并且知道如何正确地解释它们时，就能非常准确地重现他现在的性格模式。在这一过程中，我们利用了这一点：个体很难偏离童年就已形成的行为方式。尽管成人之后，他的处境已经完全不同，也很少有人能够改变他童年的行为模式。成人态度的改变不一定意味着行为模式的改变。心理生活的基础并没有改变；个体在童年时期和成年以后都保持着同样的活动路线，就此我们可以推断他的人生目标也没有改变。我们如果想改变行为模式，就有另一个把注意力集中在童年经历上的理由。我们改变个体成年后的无数经历和印象与否都无关紧要；我们需要的是发现患者的基本行为模式。一旦了解到这一点，我们就可以知道他的基本性格特征，并对他的疾病做出正确解释。

因此，考察孩童的心灵生活是这门科学最重要的部分，许多研究都致力于探究生命的最初阶段。在这一领域中，存在大量我们从未接触或者探查过的资料，以至于每个人都有可能发现新的、有价值的数据，在人性研究中它们将发挥巨大的作用。

由于我们的研究不是为它们自身而是为全人类的利益，因此我们在研究的同时建立起了一套防止不良性格特征形成的方法。我们的研究没有前例可循地进入了教育学的领域，对此我们已经贡献多年。对于任何想要从事教育试验并将自己在研究人性过程中有价值的发现应用其中的人，教育学都是名副其实的宝藏，因为教育学和人性科学一样，不是通过书本而是必须从生活实践中获得知识。

我们必须将自己与心灵生活的每一种表现联系起来，让自己设身处地，与他人共同经历欢乐和悲伤，这就类似一个优秀的画家在肖像画中描绘自己所感受到的那个人的性格特征。人性科学被认为是一门拥有多种可供使用的工具的艺术，它与所有其他艺术密切相关，并且对它们有助益。尤其是在文学和诗歌领域，人性科学具有特殊的意义。它的首要目标必然是增加我们对人类的认识，也就是说，它必须使我们所有人都有可能得到一种更好、更成熟的心理发展。

最大的困难之一在于，我们经常发现人们在他们对人性的理解这点上非常敏感。很多人在人性科学方面研究甚少，但依然认为自己是洞察人性的大师；如果被要求检验其在人性方面的知识，他们多半会觉得自己被冒犯了。只有那些通过同理心来感受人性价值的人，也就是说，曾亲身经历过心理危机或者能在他人身上完全识别出它们的人，才是真正有意愿了解人性的人。

从中产生出了找到一种精确的手法、策略和技巧来应用我们的知识的难题与必要性。我们不能唐突地将在探索个体心灵的过程中发现的事实赤裸裸地摆在他的面前，因为没有什么比这更令人讨厌、更能引起批评的了。最好劝告那些不想遭到别人憎恨的人在这方面多加注意。随意滥用从人性知识中获得的事实，很快就会破坏自己的名声，例如在餐桌上急于展示自己对周围人的性格了解或者猜测出了多少。对于教导那些没有全面了解这门科学的人来说，仅仅将它的基本真理当作结论来引用也是危险的。经历这样的过程，即使是真正了解人性科学的人也会感到自己受了侮辱。我们必须重申：人性的科学要求我们谦虚。我们不能无谓而又草率地公布实验结果。渴望炫耀并展示自己所能做到的一切是十分幼稚的做法。这很难说是成年人该有的行为。

我们建议，了解人类心灵的人应该率先考验自己。他不应该把为造福人类而取得的实验结果甩在一个并不情愿的受害人面前。他只会为一门不断发展的科学制造新的困难，并在实际上违背了自己的目标！因此，我们必须为年轻研究者不计后果的热情带来的错误负起责任。我们最好保持谨慎的态度，必须在得出任何关于部分的结论之前统观整体。此外，只有当确信这些结论对某人有利时，我们才能予以发表。人们通过错误的方式或者在不恰当的时刻对他人的性格做出正确的结论，都会对他人造成极大的伤害。

现在，在继续讨论之前，我们肯定会面对在许多读者那里已经形成的反对意见。很多人都无法理解个人的生活方式始终保持不变这一主张，因为个体在生活中会有诸多经历，而这些经历足以改变他对生活的态度。我们必须记住，任何经历都可能有多种解读。我们会发现，不会有两个人从相似的经历中得出相同的结论。这就说明，经历过的事并不总能使我们变得更加智慧。我们确实从中学会了避免一些困难，并且用一种泰然的态度对待他人，但是我们的行为模式不会因此而改变。在进一步讨论的过程中，我们将会发现，一个人总是用自己的经验来达到同一个目的。更深入的考察表明，他所有的经历一定都是符合他的生活方式和生活模式的。众所周知，是我们自己塑造了自己的经验。每个人都决定了自己的经历的方式和内容。我们在日常生活中观察到，人们会从个人经历中得出任何想要的结论。有的人重复犯某种错误。如果你让他确信自己错了，那么他的反应有多种可能。他可能总结说，是应该避免这个错误了。然而，这是一种非常罕见的情况。更有可能的反应是他会不服，因为这个错误由来已久，现在已经无法改正了。或者，他会因为自己的错误而责怪父母或者他所接受的教育；他可能会抱怨从来没有任何人关心他，或者他受到了过多的溺爱或者残忍的虐待，找借口来为自己的错误开脱。他不管用什么借口，都暴露了渴望逃避责任这一事实。通过这种方式，他就有了表面上正当的理由来避免自己遭到批评。受责备的从来不应该是他。完不成自己的目标都是别人的错。这类人所忽视的事实是，他们自己很少努力消除错误。他们更渴望继续犯错，热情地将自己的错误归咎于失败的教育。只要他们愿意，这就是一个行之有效的借口。对同一经历的多种可能解释，以及从同一经历中得出各种结论的可能性，使我们能够理解个体不改变他的行为模式，而是扭曲自己的经历直到它们适应自己的行为模式的原因。人类最难做到的事情就是了解自己和改变自己。

我们如果不掌握人性科学的理论和技术，就很难教育出更优秀的人。这样一来，我们就会只看到事物的表面，并且会因为外在发生了变化，就错误地判断那个人已经完成某些重要的事。实际案例告诉我们，技术对个体的改变是多么微小，所有所谓的变化只流于表面，只要行为模式本身没有被改变，这些变化就没有价值。

改变一个人不是一个简单的过程。它需要一定的乐观和耐心，最重要的是排除个人的虚荣心，因为被转变的个体没有义务成为满足他人虚荣心的工具。此外，转变的过程必须以一种使被转变的那个人感到合理的方式来进行。这很容易理解，如果一道某人原本爱吃的菜没有以适当的方式准备好和端给他，那么他就会拒绝享用这道菜。

人性科学还有另外一个层面，我们称之为"社会层面"。人类如果能够更充分地了解彼此，无疑能够更好地相处，关系也就更亲密。一旦有了这个前提，人们便不会令彼此失望，不会彼此欺骗，而欺骗会给社会带来巨大的危险。我们必须向准备接触人性科学的人们展示这一危险。研究者必须让他们科学实践的研究对象理解在我们身上起作用的未知和无意识的力量的价值，并帮助这些对象认识到人类行为中所有隐蔽的、扭曲的和伪装的伎俩。为此，我们必须学习人性科学，自觉地带着社会目的来实践它。

什么样的人最适合收集这门科学的材料并且实践它呢？我们已经注意到，不能仅从理论上运用这门科学。仅仅知道所有的规则和数据是不够的。我们有必要将研究转化为实践，并将它们联系起来，以便获得比以往更加清晰和深刻的视角。这是人性科学理论层面的真正目的。但是，只有走进生活本身，检验和利用我们所获得的理论时，我们才能使这门科学充满生气。我们这样做有一个重要的原因。在教育的过程中，我们对人性了解得太少，而且我们学到的很多东西都是错误的，因为当代的教育仍然不适合提供给我们关于人类心灵的有效知识。每个孩子都完全依靠自己来评估自己的经历，并在课堂之外提升自我。我们没有获得关于人类心灵的真正知识的传统。如今，人性科学所处的位置就好比化学在炼金术时代的位置。

我们发现，那些没有因为复杂教育体系的蒙蔽而脱离社会关系的人，最适合从事人性的研究。我们所面对的男男女女，归根到底要么是乐观主义者，要么是好斗的悲观主义者，他们没有受到悲观主义的驱使而变得听天由命。

但是，仅仅去接触人是不够的，我们必须要有亲身的体验。面对今天有缺陷的教育，只有一类人才能真正理解人性。他们要么是悔过的罪人，要么是那些曾经卷入心理生活的漩涡，被所犯过的所有错误缠身并最终自救的人，要么是靠近这一漩涡并且感受到水流在冲击他们的人。其他人自然也能理解人性，尤其是当他们拥有认同和共情的能力时。最了解人类心灵的是那些亲身经历过强烈情感的人。悔过的罪人在我们的时代与在各种伟大宗教形成的年代一样具有价值。他们比成千上万正直的人站得更高。这是为什么呢？因为这种人把自己从生活的困难中解救了出来，从生活的泥沼中解脱了出来。他们从不良的经历中获得了有益的力量，因此提升了自己，从而理解生活的光明和黑暗面。在这方面，没有人能比得上他们，那些正直的人当然不如他们。

当我们发现个体的行为模式无法使他过上幸福的生活时，掌握着人性知识的我们就有义务帮助他纠正对待生活的错误态度。我们必须给他更好的视角，一种更适合社会、更适用于实现幸福生活的视角。我们必须向他提供新的思想体系，为他指出另一种行为模式，社会感和公共意识在其中可以发挥更重要的作用。我们并不打算给他的心理生活建立一个理想的结构。新的观点对困惑的人来说是很有价值的，因为从中他可以了解到自己到底在什么地方误入歧途，从而犯下了错误。根据我们的观点，严格的决定论者视所有人类活动为因果关系的序列，这一观点并不完全正确。只要自我认识和自我批评的力量仍然存在，并且仍然是生活的主题，那么因果关系就会改变，经验的结果就获得了全新的价值。当一个人能够决定自己活动的源泉和心灵的动力时，他认识自我的能力就会变得更强。他一旦理解这一点，就会变成一个不同的人，再也不会逃避他的认知所导致的必然结果。

第一部分 人类行为

第一章 心灵

▎心灵天生是为了指导自由活动而存在的。

Ⅰ 心理生活的概念与前提

我们认为只有运动中的、有生命的机体才具有心灵。心灵天生是为了指导自由活动而存在的。固定不动的有机体没有必要具备心灵。扎根土壤的植物如果拥有了情感思维那该多奇怪啊！如果认为植物可以承受其无法逃脱的痛苦或能够预感今后无法避免的事件，如果认为明明无法利用自身意志的植物却具有理性和自由意志，这是多么不可思议啊！在这种前提下，植物具备意志和理性必然是没有实际意义的。

运动和心理生活之间存在必然的联系，这就构成了植物与动物的区别。在心理生活的演化过程中，我们必须考虑的是与运动相关的一切。与位置变化相关的一切困难都需要心灵来预测、积累经验、形成记忆，从而使机体更好地适应日常生活。从一开始我们就知道，心理生活的发展与运动有关，而心灵控制的一切事物的演进都受到机体的自由可运动性的制约。这种可运动性会刺激、促进以及要求心理生活的不断强化。假设我们为个体预设好了每一次运动，那么便可以认为他的心理生活是停滞的。"自由才能孕育出巨人，强制只会扼杀与毁灭。"

Ⅱ 心理器官的功能

如果从这个角度来审视心理器官的功能，那么我们其实思考的是一种遗传能力的演化进程，这是一种生物体根据其所处情况用于进攻和防御的器官。心理生活是集主动攻击和寻求安全于一身的复杂活动，它的最终目的是确保人类机体的生存与延续，并安全地实现自身的发展。如果我们默认这一前提，就会引发进一步的思考，这是为获得心灵的真正概念所必需的。**我们无法想象心理生活是孤立存在的**，它与周遭世界息息相关，能接受外界刺激，并以某种方式做出回应，它还能淘汰那些无法保护机体免遭外部世界毁坏的能力，或者为了确保生存，以某种方式将机体与这些力量结合起来。

从这一点中产生出来的关系有很多。它们与有机体本身、人类的特性、身体的本性、它们的优势和劣势有关。这些概念完全是相对的，因为一种力量或者器官到底是优势还是劣势完全是相对的。它们的价值只能通过个体的自我发现才能体现。众所周知，某种意义上人类的脚相当于退化的手。对于攀爬而行的动物而言，这点显然是劣势，但是对于在平坦路面上行走的人来说，一只"退化"的脚远胜过一只"正常"的手。事实上，在我们的个人生活中，就像在所有人的生活中，劣势并非一切罪恶的根源。什么是优势或劣势仅仅取决于所处的情况。我们想到宇宙，想到它的昼与夜的变换、太阳的主宰、原子的运动与人类心理生活之间关系是多么丰富时，就会发现它们对心理生活的影响是多么巨大。

Ⅲ 心理生活的目的论

　　我们在心理倾向中首先发现的是心理活动都具有一定的目标。因此，我们不能将人类心灵看作静态的整体。我们只能把它想象成一个运动力量的复杂体系，然而这个体系是单独原因的结果，并且为实现一个单一目标而努力。在适应的概念中，这种追求目标的目的论是与生俱来的。我们只能假设一种具有目标的心理生活，而心理生活之中的各种运动都导向这个目标。

人的心理生活是由目标决定的。如果人类没有朝着一个恒在的目标来决定、继续、调整和引导自己的活动，那么他们就不能思考、感觉、愿望和梦想。这本就源自机体适应自身和应对环境的必要性。人类生活中的身体与心灵的现象都基于这些我们已经论证的基本原理。除非根据一种恒在目标的模式，这种目标本身是由生命的动力所决定的，否则我们就无法构想一种心理演化。我们可以将目标本身看作是变化或者静止的。

在这个基础上，心灵生活的所有表现都可以被当作是在为将来做准备。除了一种朝着目标行动的力量之外，似乎很难从心灵这个心理器官中辨识出其他东西。个体心理学认为人类心灵的所有表现都被引导向一个既定目标。

在了解个人目标并且认识世界的同时，我们必须明白他人生中的行动和表达意味着什么，作为实现目标的准备，它们具有什么样的价值。我们必须同样清楚个体采取何种行动才能实现他的目标，就像知道丢出的石头会沿什么样的路径掉落到地面一样，尽管心灵不知道任何自然法则，这是因为恒在的目标总是处于流动变化中。然而，如果个体有了永久存在的目标，那么每一种心理倾向就好像有了必须遵守的自然法则一样，遵循某种冲动。可以肯定的是，支配心理生活的法则是存在的，但它是人为制定的法则。如果有人认为有充足的证据能确保某种心理法则的存在，那么他就已经被其外表所欺骗，因为当他相信自己已经证实了无法改变的本性和环境的决定作用时，他就已经暗中做了手脚。如果一个画家想要画一幅画，我们会把所有与拥有那样一个目标的个体密切相关的态度都归之于他。他会采取一切必要的行动，这将产生必然的后果，就像有自然法则在起作用一样。但是他真有必要画这幅画吗？

　　自然界和人类心理生活中的运动是有区别的。一切与自由相关的问题都取决于这重要的一点。如今人们普遍认为，人类意志并不是自由的。诚然，人类意志一旦缠住自身或者迫使自己束缚在某个目标上，就会受到限制。而且，宇宙、动物和人的社会关系等外界环境往往会影响这个目标，所以，心灵生活经常表现得好像处于无法改变的法则的控制之下。但是，如果一个人否认他的社会关系并且与之抗争，或者拒绝让自己适应实际生活，那么这些看似法则的东西就会瓦解，重新形成由新目标所确定的新法则。同样，公共生活的法则并不会约束那些对生活感到困惑并试图根除对于同胞的感情的个体。因此，我们必须断言，只有设定合适的目标，心理生活才会**必然地**出现运动。

另一方面，我们可以从个体当前的活动推断出他的目标。而且这一点更加重要，因为很少有人确切知道自己的目标是什么。为了知晓人性，这是我们在真正的实践中必须遵循的程序。由于运动可能具有多种含义，所以这并非总是那么容易。然而，我们可以择取个体的多种运动，比较它们，并用图表的方式将它们展现出来。这样一来，我们便可通过连接两个表现出心理生活的明确态度的点来实现对人性的理解，通过曲线指出时间上的差异。我们用这种机制就能得到关于整体生活的统一印象。下面这个例子将说明童年的模式如何以惊人的相似性再现于成人身上。

某个三十岁的男人，性格极具攻击性，尽管在成长过程中遭受挫折，却取得了成功和荣誉，他在极度抑郁的情况下找到医生，抱怨自己不想再工作或继续活下去。他解释说，虽然即将订婚，但他对未来充满了怀疑。他饱受强烈嫉妒的折磨，就连婚约也面临可能解除的危险。在这个病例中，他用来证明自己观点的事实并不是很具有说服力。由于他的订婚对象并没有可让人谴责之处，所以他表现出的明显不信任令人怀疑。他属于这样一类人：他们会接近另一个个体，感觉自己被吸引住了，但是立刻会采取攻击性的态度，破坏他们试图建立的联系。

现在，让我们按照前面所说的，从这个男人的生活中找出一个事例，并将它与他现在的态度结合起来，图绘出他的生活方式。根据以往的经验，我们通常需要的是童年的第一份记忆，尽管我们知道并非总是能够客观地检验这种记忆的价值。他童年的第一份记忆是这样的：他和母亲还有弟弟一起在市场里。由于骚乱拥挤，母亲一把搂过作为哥哥的他。当她发现自己弄错了人时，她放下了他，转而抱起了较小的孩子，留下我们的患者在人群中四处乱跑，不知所措。当时他四岁。在叙述这段回忆的过程中，我们发现了根据他当前的抱怨所推测出的相同特征。他不确定自己会被人爱，他不能忍受"得到喜爱的是别人"这样的想法。向患者说清其间的联系之后，患者非常惊讶，立即领会了这种关系。

每个人行动指向的目标都是由外界环境带给孩子的影响和印象所决定的。理想情况下，个人目标大约会在人生最初的几个月里形成。即使在那个时候，某些感觉也会唤起孩子喜悦或者不适的反应。尽管用的是最原始的表达方式，但人生哲学的最初痕迹在这里显露了出来。影响心灵生活最根本的因素在婴儿时期就已经确定，在此基础上，一个可以被修改、影响和转变的上层建筑得以建立。各种各样的影响很快就会迫使孩子对生活产生明确的态度，并且决定他对待生活问题的特殊反应类型。

某些研究者认为，成年人的特征在幼年时期就非常显著，这并没有什么太大问题；这解释了性格通常被认为是遗传而来的原因。但是，认为性格与人格是从父母那里继承而来的这样的观念是普遍有害的，它妨碍了教育者的工作，挫败了他的信心。认为性格是遗传结果的真正原因并不在此。这种借口会导致肩负教育重任的人在面对学生失败的时候，草率地将问题归结到遗传因素，从而逃避自身的责任。当然，这完全违背了教育的目的。

我们的文明对目标的确定做出了重要贡献。它设定了界限，孩子不断冲击着这个界限，直到找到实现自己愿望的方法，这保证了安全感与对生活的适应。可能孩子在非常年幼的时候就知道要面对我们文化的现状需要多少安全感。我们这里所说的安全感，并不仅仅是免遭危险的安全；还包括进一步的安全系数，它能保证人类机体在最佳状态下的持续生存，类似于一台精密设定的机器在运转时所谓的"安全系数"。孩子通过要求一种更大的"附加"安全因素来获得这种安全系数，这种因素不仅仅是本能的满足和稳定发展的必需。于是，他的心灵生活产生了一个新的运动。这是一种明显的要控制他人和获得优越感的倾向。和成年人一样，孩子也想远远领先所有对手。他竭尽全力追求一种优越感，这会带给他安全感和适应能力，而这正是他原先为自己设定的目标。于是，他的心理生活中涌现出某种不安，并且随着时间的流逝，这种不安变得越发明显。假设世界现在需要一种更强烈的反应。如果在这个紧要关头，孩子不相信自己有能力克服困难，那么他会尽力逃避或者编出复杂的借口，这样只会令他对胜利的潜在渴望变得更加明显。

在这些情况下，他们眼前的目标往往就会变成逃避更大的困难。为了暂时逃避生活的要求，这种类型的人在面对困难时往往畏缩不前，或者设法找借口逃脱。我们必须清楚，人类心灵的反应不是最终和绝对的：每个反应都只是局部反应，虽然临时有效，却绝不能被当作解决问题的最终方案。尤其是在儿童心灵形成的过程中，我们必须记住，我们面对的是目标观念的临时产物。我们不能把用来衡量成人心理的标准同样施加在儿童的心灵上。对于孩子，我们必须做出更进一步的探究，质疑他生命中产生的能量和行动最终带领他去实现的目标。如果我们能设身处地，深入他的心灵，就能够理解他力量的每一个表现是如何适应自己的理想的，而这种理想是他为自己创造的最终适应生活的产物。我们如果想知道孩子行为背后的原因，就必须从他的视角出发。与孩子的视角相关联的情感基调会以各种各样的方式引导他。其中，有一种乐观的方式可以让孩子有信心轻松地解决他遇到的问题。在这样的情况下，他就会在成长的过程中形成这样的性格，认为各种生活任务都是他力所能及的。于是，他就会产生勇气、率真、坦诚、负责、勤奋等品质。与此相反，就是形成悲观的情绪。想象一下那些没有信心解决问题的孩子的目标！他眼中的世界该是多么灰暗啊！这里我们发现懦弱的人为了自我保护会表现出的胆怯、内向、猜疑等性格特征。他的目标超出了他所能达到的界限，但远不足以让他直面生活的斗争。

运动和心理生活之间存在必然的联系，这就构成了植物与动物的区别。在心理生活的演化过程中，我们必须考虑的是与运动相关的一切。

我们无法想象心理生活是孤立存在的，它与周遭世界息息相关，能接受外界刺激，并以某种方式做出回应，它还能淘汰那些无法保护机体免遭外部世界毁坏的能力，或者为了确保生存，以某种方式将机体与这些力量结合起来。

人的心理生活是由目标决定的。如果人类没有朝着一个恒在的目标来决定、继续、调整和引导自己的活动，那么他们就不能思考、感觉、愿望和梦想。

我们可以从个体当前的活动推断出他的目标。而且这一点更加重要，因为很少有人确切知道自己的目标是什么。为了知晓人性，这是我们在真正的实践中必须遵循的程序。

第二章　心理生活的社会层面

> 用于保障人类生存的任何规则都必须受到共同体这一概念的支配，并且要与它相适应。

为了解个体思考的方式，我们必须考察他与同胞之间的关系。一方面，人与人的关系是由宇宙的本质决定的，因此会发生变化。另一方面，它又是由固定的制度决定的，例如共同体或国家的政治传统。我们如果不能厘清这些社会关系，就无法理解心理活动。

I　绝对真理

人的心灵不是无拘无束的，因为解决层出不穷的问题的必要性决定了它的运动。这些问题与人类公共生活的逻辑有着不可分割的联系；群体存在的必要条件影响着个体，而公共生活本身却很少受到个体的影响，至多是在特定程度上。但是，我们不能认为公共生活的现有条件是最终的；

它们数量繁多，而且还会经历诸多变化和转换。我们几乎无法彻底阐明和理解心理生活问题的黑暗角落，因为我们无法逃离自身关系的复杂网络。

面对这样的困境，我们唯一能够采取的方法就是采纳世界上已有的群体生活的逻辑，它就像是一条终极的绝对真理，在克服了由人类组织不完整和能力有限所引起的错误之后，我们就能够逐步接近它。

我们研究的一个重要方面在于马克思和恩格斯所说的唯物主义的社会分层。根据他们的理论，一个民族赖以生存的经济基础和技术形式决定了"理想的、逻辑的上层建筑"和个体的思想与行为。我们提出的"人类公共生活的逻辑"和"绝对真理"的构想就与上述概念部分一致。然而，历史以及我们对个体生活的深刻理解（即我们所说的个体心理学）已经表明，对于个体来说，对经济状况的要求做出错误反应偶尔也是权宜之计。在试图逃避经济状况时，他可能会渐渐卷入由自己的错误反应构成的罗网中。我们通往绝对真理的道路将会越过无数此类错误。

Ⅱ 公共生活的需要

事实上，公共生活的法则就像气候规律一样一目了然，后者迫使人们为抵御寒冷、建造房屋等采取特定的措施。施加于社区和公共生活的强制力存在于制度中，而我们不需要完全了解这些制度的形式，例如在宗教中，公共惯例的神圣化就起到了维系共同体成员的纽带作用。如果我们的生存条件首先是由宇宙的影响所决定的，那么它们也会进一步受到人类的社会和公共生活的影响，以及由公共生活自发产生的法律和规章的影响。社会需要调节人与人之间的一切关系。人的公共生活先于人的个体生活而存在。在人类文明的历史中，没有公共基础的生活形式是不存在的。在人类社会以外的地方就不曾出现过人。这很容易理解。整个动物世界都印证了这样一条基本法则：其成员无法自我保护的物种都是通过群居生活来聚集新的力量。

群居的本能帮助人类达到了这样的目的：为对抗外界严酷的环境而不断发展的最重要的工具就是心灵，其本质渗透着公共生活的必要性。很久以前，达尔文就注意到这样一个事实，脆弱的动物永远不会独自生活。我们不得不承认，人类也是脆弱的动物，因为他们同样没有足够的能力去独自生活。他对抗自然的力量是微乎其微的。他必须依靠许多人造机械来弥补自身的脆弱，以便在地球上生存下去。试想一下，孤身一人身处一片原始森林，却没有任何文明世界的工具！他会比任何生物都更加难以适应。他没有其他动物的速度或力量。他没有食肉动物的尖牙，也没有敏锐的听觉和视觉，而这些都是生存斗争所必不可少的。人需要大量的器械来保证自己的生存。他的营养摄取、性格以及生活方式都需要制定充分细致的保护计划。

现在我们可以理解，为什么只有在特别有利的条件下人类才能维持生存。社会生活可以为他提供这些有利条件。社会生活成为了一种必需品，因为通过共同体和劳动分工，个体使自身从属于群体，种群才得以继续生存。只有劳动分工（本质上意味着文明）才能使人类拥有进攻和防御的手段去保护他们的占有物。只有在学会劳动分工之后，人类才懂得如何维护自己。想想分娩的艰辛和保证刚出生的孩子存活下来所必要的预防措施吧！只有在劳动分工的情况下，这些护理和预防手段才能被实施。想想人类的肉身，特别是在幼年时期所承受的疾病和虚弱，你就会在一定程度上了解人类生活所需要的特殊照顾，了解社会生活的必要性！共同体是人类赖以生存的最好保证！

Ⅲ 安全与适应

从之前的阐述中，我们可以得出这样的结论：从自然的角度来看，人是一种劣等生物。他的意识中经常出现自卑感和不安全感。它就像一种永恒的刺激，让人们不断寻求更好的方式和技能去适应自然。这种刺激迫使人们想方设法在生存计划中消除或者尽量减少对自身的不利情况。这时，就产生了对心理器官的需求，它可以影响适应和安全的获得过程。通过提升生理上的防御能力（例如，角、爪子或者牙齿），让原始的人—动物演化成新的生物，使它们能够与自然相抗衡直到精疲力竭，这似乎要困难得多。只有心理器官能够迅速给予补救，弥补人类机体的缺陷。从不间断的缺陷感中产生的刺激使人类变得具有远见和警惕性，并使心灵发展到了当前的水平，一种思考、感受和行动的器官。由于在适应过程中，社会起着至关重要的作用，所以心理器官必须从一开始就考虑到公共生活的条件。它所有的能力都是基于公共生活的逻辑发展起来的。

在这种逻辑的起源及其对普遍适用的内在需要中，我们无疑应该找到人类心灵发展的下一步。只有普遍适用的才是合乎逻辑的。公共生活的另一个工具是清晰的言语，这个奇迹使人类有别于所有其他动物。言语的形式清楚地表明了自身的社会根源，这种现象同样不能脱离普遍适用的概念。对于独自生存的生物个体来说，言语并不是绝对必要的。只有在共同体中，语言的存在才是合理的。它是公共生活的产物，也是社会个体之间的纽带。在与他人难以接触甚至无法接触的情况下成长的个体，就可以证明这一假设的正确性。在这些个体中，有人常常由于个人原因而逃避与社会的一切联系，还有的人则是外界环境的受害者。不管哪一种类型，他们都会遭受言语缺陷或困难造成的痛苦，并且从来没有学习外语的天赋。这就好像只有在与人的联系是安全稳定的时候，才有可能塑造和保留语言的纽带作用。

言语在人类心灵的发展中具有极其重要的价值。逻辑思维只有在语言存在的前提下才是可能的，言语赋予我们建立观念与理解价值差异的可能性；观念的形成不是私人事务，而是关系到整个社会。只有在我们假定思想和情感具有普遍适用性的前提下，它们才是可设想的；只有对美的认可、理解和感受是普遍的，我们才会对美产生愉悦。由此可见，思想和观念（例如理性、知性、逻辑、伦理和审美）都源自人类的社会生活，它们同时也是为了防止文明瓦解而存在于个体之间的纽带。

我们也可以把欲望和意愿理解为人的个体处境的特定方面。意愿只是一种服务于自身缺陷感的倾向，是获得充分适应感的手段。去"意愿"就意味着感受到这种倾向，并且引发行动。每一个自愿的行为都从缺陷感开始，然后朝着满足、静息与完整的状态发展。

Ⅳ 社会感

现在我们可以理解，用于保障人类生存的任何规则（例如法律规章、图腾和禁忌、迷信或者教育）都必须受到共同体这一概念的支配，并且要与它相适应。我们已经在宗教的例子中考察过这个观念，并且发现，对于个人来说，适应共同体是心理器官最重要的功能，对于社会来说也是如此。所谓的公平和正义以及人性中最有价值的东西，本质上不过是满足人类社会需要的前提条件。这些条件塑造心灵并指导其活动；责任、忠诚、坦率、热爱真理等美德只有通过公共生活普遍有效的原则才能建立和保持。我们只能从社会的角度来判断某种性格的好与坏。性格，就如同科学、政治或者艺术领域的任何成就一样，只有证明了自身的普遍价值，才能引起人们的关注。我们衡量个体的标准一般是由他对人类整体的价值所决定的。我们拿个体与其同胞中的理想形象进行比较，这个理想形象就是一个以有益于整个社会的方式解决眼前的任务和困难的人，一个社会感高度发展的人。用弗特穆勒[1]的话来说，他是一个"根据社会法则来玩生活游戏的人"。在我们论证的过程中，将会越来越明显的一点是，如果没有形成对人类同胞深厚的感情，不练习做人的技艺，就无法成长为合格的人。

---

1 卡尔·弗特穆勒（1880—1951），奥地利心理学家、教育家。（本书中脚注如未特别说明均为译者注。）

社会需要调节人与人之间的一切关系。人的公共生活先于人的个体生活而存在。在人类文明的历史中，没有公共基础的生活形式是不存在的。

群居的本能帮助人类达到了这样的目的：为对抗外界严酷的环境而不断发展的最重要的工具就是心灵，其本质渗透着公共生活的必要性。

从自然的角度来看，人是一种劣等生物。他的意识中经常出现自卑感和不安全感。它就像一种永恒的刺激，让人们不断寻求更好的方式和技能去适应自然。

如果没有形成对人类同胞深厚的感情，不练习做人的技艺，就无法成长为合格的人。

第三章　儿童与社会

┃　在婴儿阶段早期施加给个体的强烈印象会影响他整个一生的态度。

　　社会要求我们承担某些义务，这些义务会影响我们生活的规范和形式，也会影响我们思维的形成。社会有一个有机的基础。个体与社会之间的相切点可以从人的两性特征中找到。人要满足生命的冲动，获得安全感，保证自己的幸福，不能在男女的孤立状态而是要在夫妻共同体中实现。在观察孩子缓慢成长的过程时，我们可以肯定，如果没有群体的保护，人类生命是无法演化的。生活中的各种义务本身就具有劳动分工的必要性，这种分工不仅没有将人类拆散，反而还加强了他们之间的联系。

　　每个人都必须帮助身边的人。每个人都必须感到自己与同胞紧密相连。人与人之间的重要关系便由此产生。现在，我们要更详细地探讨一些自孩子出生起就与他相伴的关系。

I　婴儿的状况

虽然依赖社会共同体的帮助，但是每个孩子都会发现自己所面对的是一个既有给予又有索取，要求自己既适应又满足自己生活的世界。在实现目标的过程中，他的本能受到困难的打击，从而感到痛苦。从很小的时候他就意识到，别人能够更彻底地满足他们的欲望，更好地面对生活。也许有人会说，在需要一种整合器官的童年时期，人的心灵就诞生了，为的是让他能够正常生活。心灵评估每种状况，引导机体走向下一阶段，同时尽可能在不会引发冲突的情况下最大程度地满足本能的需求。通过这种方式，他学会特别重视打开一扇门所需要的身材，或者搬运重物的能力，或者要求他人服从自己命令的权力。他的心灵产生了一种渴望，渴望成长，渴望变得同他人一样强大，甚至更强。支配周围的人成为他生活中的主要目的，因为由于他的弱小，长辈们觉得要对他负责，虽然他们表现得好像他低人一等一样。摆在他面前的是两种可能的行为：一方面，继续采取他认为成年人会使用的行动和方法；另一方面，暴露自己的弱点，让成年人以为这是在不可避免地寻求他们的帮助。我们将在孩子身上不断看到这一心理倾向的分支。

这些类型在早期阶段就开始形成。虽然有的孩子在获取权力和选择使他们获得认可的勇敢技巧方面不断发展，但是，还有的孩子似乎在用自身的弱点来投机，并试图用各种各样的形式表现出来。我们只需要回想一下每个孩子的态度、表情和举止，就能发现对应上述各种类型的个体。只有当我们理解每种类型与外界环境的关系时，它们才有意义。通常，我们可以从每个孩子的行为中找到外界环境的反映。

可教育性的基础在于孩子努力去弥补自身的弱点。缺陷感能够刺激产生数以千计的天赋和能力。每个孩子的情况都非常不同。在某个案例中，我们面对的是这样一种外界环境，它对孩子充满敌意，让他觉得全世界都是敌人。孩子产生这样的印象是因为他思维过程所采取的视角还不完善。如果他所接受的教育不能阻止这种谬误的发展，那么这个孩子的心灵就会发生扭曲，以至于几年之后，他还会表现得**好像**全世界都与他对立。一旦他在生活中遇到更大的困难，这种敌对意识就会变得更加强烈。这常见于器官系统不健全的孩子。这样的孩子对待外界环境的态度与出生后拥有相对正常器官的人完全不同。机体缺陷可能表现为运动困难、单个器官功能不全或者整个机体抵抗力减弱，从而导致频繁生病。

难以面对世界并不一定只是由童年时期的机体缺陷造成的。荒谬的外界环境对孩子提出的不合理要求（或者用不恰当的方式提出的这些要求）类似于环境中的现实困难。孩子突然发现，让自己去适应外界环境这种想法是行不通的，特别是当他身处的环境本身就缺乏勇气、充满悲观情绪时，这种情绪很快就会转移到孩子身上。

Ⅱ　困难的影响

考虑到孩子面临的方方面面的障碍，他总是无法给出适当的回应也就不奇怪了。孩子的心理习惯只有很短的时间去发展，尽管他的适应技巧还不成熟，但是他发现自己必须适应现实中不变的条件。每当细数对于环境做出的错误反应时，我们就会发现自己的心灵不断产生发展的尝试，以便做出正确的反应，并在整个一生中取得进步，像是在不断做实验一样。在孩子行为模式的表达中，我们特别看到的是青少年在成熟过程中在特定情况下做出的反应类型。他的反应态度能够让我们深入了解他的心灵。同时，我们必须认识到，任何个体的反应，与社会的反应一样，都不能根据一种模式来评判。

孩子在心灵发展中遇到的障碍，通常会导致他的社会感遭到遏制或者发生扭曲。在这些障碍中，有的是由于客观环境的缺陷而产生的，例如经济、社会、种族或者家庭环境中的异常关系，还有的是由于身体器官的缺陷而形成的。我们的文明建立在充分发育的器官的健全状态的基础之上。因此，重要器官存在缺陷的孩子在解决生活问题时是非常吃亏的。那些很晚才学会走路、在行动方面有困难、开口说话较迟，或由于大脑活动发育较慢而表现笨拙的孩子都属于此类。我们都知道，这样的孩子总是受伤，行动笨拙、迟缓，他们承受着身体和心灵上的痛苦。很显然，这个不适合他们的世界并没有温柔地接纳他们。这种发育缺陷造成了许多困难。当然也有可能，如果心灵遭受的痛苦没有让孩子在今后的生活中产生绝望，那么随着时间流逝，它最终会在没有留下阴影的情况下自动建立补偿措施；此外，这种情况可能会由于经济上的无助而变得更加复杂。很容易理解，有缺陷的孩子对人类社会的既定规律知之甚少。他们以怀疑和不信任的眼光看待周围出现的机会，往往会孤立自己，逃避责任。他们对生活中的敌意异常敏感，并且会无意间放大这种敌意。他们更多地关注生活的痛苦而不是它光明的一面。在大多数情况下，他们会过度估计这两方面，于是一生都摆出好战的态度。他们要求别人给予自己特别的关注，当然，他们看重自己远过于他人。他们把生活的责任更多地看成是困难而不是激励。很快，他们就与生存环境之间形成一道鸿沟，而且由于他们对同胞的敌意，这条鸿沟还会不断加深。现在，他们以一种过分谨慎的态度对待每一段经历，在每一次接触中让自己离真理和现实越来越远，并且只有不断为自己制造新的困难才能实现目标。

当父母对孩子的正常关爱不适度时，就可能会出现类似的困难。一旦这种情况发生，就会对孩子的后续成长造成严重后果。孩子可能会变得非常固执，他意识不到爱，也不能恰当地利用它，因为他从来就没有形成关爱的本能。要动员成长于从未形成适当关爱感的家庭的孩子去表达任何形式的关爱是非常困难的。他一生都会逃避一切爱意和关爱。轻率的父母、教育者或者其他成年人用一些错误的格言警句教育孩子，告诉他们爱和体贴是不得体、荒谬或者柔弱的，这也会产生同样的效果。我们发现，接受这种教育的孩子并不少见，特别是那些经常遭人嘲笑的孩子。这样的孩子非常惧怕流露出情绪或者感情，因为他们认为向他人表示爱意是可笑而且懦弱的。他们反抗正常的关爱，就好像那是对他们的奴役或者贬损。因此，他们在童年早期可能就已经设定了与爱的生活相隔离的边界。在经过遏制和压抑一切关爱的残酷教育之后，孩子便会脱离周遭的环境，并逐渐失去对心灵来说最重要的联系。有时，周围的某个人向他提出了交好的机会，这种情况发生时，孩子便会和他的朋友建立非常深厚的关系。这就解释了为何有些个体在成长过程中的社会关系只指向单一的个人，他们的社会倾向永远无法扩展以包括其他人。那个男孩的故事就是个很好的例子。当注意到妈妈只关心弟弟而忽视自己之后，他便终生四处寻觅，试图找到从小就失去的温暖与亲情，这个例子表明了这类人在生活中可能会遇到的困难。不用说，这类个体的教育只在压力下进行。

　　同样，过度关爱的教育也像缺乏关爱的教育那样是有害的。不论是娇生惯养的孩子还是被人厌恶的孩子都会举步维艰。对关爱的渴望从一开始就产生了，这种渴望超越了一切界限；结果，受到宠爱的孩子就依附到一个或者多个人身上，并拒绝与之分离开来。关爱的价值由于各种错误的经历而特别凸显出来，以至于孩子发现自己的爱强加给了成年人一些隐形的责任。这非常容易实现。孩子只要对父母说："我爱你，所以你必须这样或者那样做。"这种社会教条经常在家庭中滋生。孩子一旦发现别人有这样的倾向，就会立刻增加他的关爱，让他们更加依赖他。对家中某一特定成员爆发出来的这种关爱必须被时刻牢记。毫无疑问，这种教育会对孩子的未来产生有害的影响。他一生都会陷入用正当或者恶劣手段来维持他人关爱的斗争中。为了达到目的，他不惜利用一切手段；他可能试图制服对手，也就是他的兄弟姐妹，或者依靠搬弄是非来对付他们。实际上，这样的孩子会煽动兄弟们做坏事，以便让自己以相对光荣和正义的形象获得父母的爱。为了将他们的注意力集中在自己身上，他会对父母施加一定的社会压力。他会挖空心思，直到自己成为大家注意力的焦点，并且比其他人显得更加重要。你说他懒惰也好，不道德也罢，他只是为了让父母更多地围着他转；他也可能成为孩子中的榜样，因为他把别人的关注当作一种奖励。

　　在讨论过这些机制以后，我们可以得出结论，一旦心理活动的模式被固定下来，那么任何事情都有可能变成达到目的的手段。为了实现他的目的，孩子可能会朝着邪恶的方向发展，或者怀着同样的目的，他也可能会成为模范儿童。我们经常可以观察到，有的孩子会通过特别任性来博得关注，而有的则更加精明，通过良好的品行来达到同样的目的。

那些已经消除人生道路上所有困难的人与被宠爱的孩子属于同一类型，这种人的能力被友好地贬低了。他们从来没有机会去承担责任。这样的孩子被剥夺了为未来生活做好必要准备的一切机会。他们没有准备好和任何愿意与他们交往的人接触，当然也没有与他人接触的能力，这是因为童年时期遭受的困难和错误使他们在人际交往中障碍重重。这样的孩子对生活也完全没有准备，因为他们从来没有机会实践如何战胜困难。在离开家庭这个温室般的小小王国后，他们几乎必定会遭受挫折，因为不再会有人像宠爱他们的教育者一样，愿意承担对他们的责任和义务，即便有人承担，也达不到他们已经习惯的程度。

这种类型的现象都有一个共同点：往往或多或少使孩童孤立。胃肠道有缺陷的孩子会格外关注营养，因此他们的成长经历与正常的孩子完全不同。器官存在缺陷的孩子具有特殊的生活方式，这最终会使得他们变得孤僻。还有的孩子没有弄清楚自己与外界环境的联系，竟然试图躲避。他们找不到志同道合的伙伴，将自己从一起玩耍的伙伴中孤立出来，要么嫉妒，要么鄙视同龄孩子的游戏，最终闭门不出，全神贯注于自己一个人的游戏。在严厉的教育压力下成长的孩子也面临孤立的威胁。对于他们来说，生活总是充满了艰辛，因为他们对方方面面都抱有不好的印象。要么他们觉得必须忍受一切困难，低声下气地接受痛苦，要么他们认为自己是勇士，准备同外界环境的敌意做斗争。在这类孩子的眼中，生活及其任务都是非常艰难的。不难理解他们大部分时间都在忙着保卫自己的个人界限，以免遭受性格方面的挫折。我们可以想象，他眼前的外部世界始终是不友善的。由于过分谨小慎微，他不会直面可能遭遇失败的危险，而是会养成逃避一切更大困难的习惯。

这些娇生惯养的孩子的另一个共同点就是，比起别人，他们更看重自己，这也是他们社会感发展不充分的标志。通过这个特性，我们可以清楚地看到他们通向悲观世界观的整个发展过程。除非找到改正错误行为模式的方法，否则他们是不可能幸福的。

Ⅲ 作为社会存在的人

我们已经详细地展示，只有在个体所处的环境中观察他时，我们才能理解他的人格，并根据他在世界中所处的具体状况来评判他。这里所谓的具体状况是指他在世界中的位置，以及他对待外界环境和生活问题（例如在职业、人际关系和团结同胞方面所面临的挑战，这些都是与生俱来的）的态度。于是我们能够确定，在婴儿阶段早期施加给个体的强烈印象会影响他整个一生的态度。在孩子出生几个月后，我们就可以确定他与生活的关系。从那以后，我们就不可能搞混两个婴儿的行为，因为他们各自已经表现出分明的模式，而且随着他们的成长，这种模式会变得更加清晰。这种模式不会发生变化。孩子的心理活动会逐渐受到他的社会关系的影响。与生俱来的社会感最初会展现于他早期寻求关爱的过程，这种寻求使他亲近成人。孩子的爱恋生活总是指向他人，而不像弗洛伊德所说的在他自己的身体上。情欲方面的追求在强度和表现形式方面因人而异。对于两岁以上的孩子，这些差异可能表现在他们的言语方面。只有在最严重的精神病理性退化的压力下，此时牢牢根植于他心灵的社会感才会离去。这种社会感伴随人的一生，有时候会被改变、扭曲或者限制，还有的时候会扩大、增长，直到它所影响的不仅仅是他的家庭成员，还有他的家族、国家，甚至整个人类。它还有可能超越这些界限，向动物、植物、没有生命的物体乃至整个宇宙来表达自己。必须将人理解成一种社会存在，这是我们研究的根本结论。一旦领会到这一点，我们就获得了理解人类行为的一种重要的辅助手段。

虽然依赖社会共同体的帮助，但是每个孩子都会发现自己所面对的是一个既有给予又有索取，要求自己既适应又满足自己生活的世界。

孩子在心灵发展中遇到的障碍，通常会导致他的社会感遭到遏制或者发生扭曲。在这些障碍中，有的是由于客观环境的缺陷而产生的，例如经济、社会、种族或者家庭环境中的异常关系，还有的是由于身体器官的缺陷而形成的。

一旦心理活动的模式被固定下来，那么任何事情都有可能变成达到目的的手段。为了实现他的目的，孩子可能会朝着邪恶的方向发展，或者怀着同样的目的，他也可能会成为模范儿童。

必须将人理解成一种社会存在，这是我们研究的根本结论。

第四章　我们生活的世界

决定我们一切活动的恒在的目标也影响特定心理机能的选择、强度和活动，这些机能可以赋予世界观形态和意义。

I　世界的结构

由于每个人必须根据所处的环境做出调整，所以他的心理机制具有接受外部世界印象的能力。此外，心理机制会根据对世界的明确解释，沿着源于童年早期的理想行为模式的路线，追求一个明确的目标。虽然我们无法用确切的词语来表达对世界的这种解释和这个目标，但是我们仍然可以把它描述为一种永存的氛围，而且始终与缺陷感截然不同。心理活动只有在拥有一个固有目标时才会出现。众所周知，目标构建的前提是有改变的能力和一定的行动自由。行动自由带来的精神上的充实是不可低估的。第一次从地上站立起来的孩子进入的是一个全新的世界，在那一瞬间，他莫名感受到了一股敌意。在他第一次尝试行动，特别是起身学习走路的时候，他经历了不同程度的困难，这也许会强化或者破坏他对未来的希望。在成年人看来无关紧要或者平淡无奇的印象，可能会对孩子的心灵产生巨大的影响，并彻底塑造他对自己生活的世界的印象。于是，行动不便的孩子就会为自己建立一个充满剧烈的、急速的运动的理想；通过询问他们最喜欢的游戏或者长大后想从事的职业，我们可以发现这种理想。这样的孩子通常会说，他们希望成为汽车司机、火车司机等，这就清楚表明，他们渴望克服妨碍自身行动自由的一切困难。他们的人生目标是希望通过完美的行动自由来彻底消除他们的自卑感和缺陷感。很容易理解，发育迟缓或者遭受疾病侵扰的孩子很容易在心灵中产生这种缺陷的感觉。同样，眼睛天生残疾的孩子会试图将整个世界转化成更加强烈的视觉概念。有听觉缺陷的孩子会对某些他们认为听起来更悦耳的音调表现出强烈的兴趣；简而言之，他们变得"喜爱音乐"。

孩子在尝试征服世界时所用到的全部器官中，感觉器官对于确定他与所生活的世界的基本关系是最重要的。正是通过感觉器官，人们才能构建自己的世界观。最重要的在于，是眼睛在接触外界环境，主要是视觉世界迫使每个人去注意自身，并为他们的经历提供主要的材料。我们生活的世界的视觉图像具有无可比拟的意义，因为它涉及的是持久不变的基础，相比之下，其他感觉器官（耳朵、鼻子、舌头和皮肤）都只对短暂的刺激敏感。不过，有些个体的主导器官是耳朵。这样的个体建立的是以听觉价值为基础的心理信息储备。在这种情况下，心灵可能被称为具有听觉主导的"心理丛"。更少见的是以肌肉运动为主导的个体。还有一种类型是以对嗅觉或者味觉刺激的兴趣为主导的，其中前者对气味更加敏感，在我们的文明中处于相对劣势。还有许多孩子是以肌肉组织为主导的。这种类型的人天生就比别人更加焦躁不安，所以他们在童年时期不断地运动，并在成年以后参与更多的活动。这类个体只对肌肉起主要作用的活动感兴趣。他们甚至在睡觉的时候也不安分，我们可以观察到他们在床上不安地翻来覆去，这就能证明这一点。我们必须把"焦躁不安"的孩子归为这一类，他们的不安分通常被当成是一种恶习。总之，我们可以说，很少有刚开始接触世界的孩子不具备对某一器官或者器官系统（不论是感觉器官还是运动器官）的强化的兴趣。孩童根据较为敏感的器官收集而来的印象构建出了他生活的世界的图像。因此，只有当知道一个人用来接近世界的感觉器官或器官系统时，我们才能理解他，因为他所有的关系都受这一事实的影响。当我们了解器官缺陷对个体童年时期的世界观以及今后成长的影响时，他的行为和反应也就获得了自身的价值。

Ⅱ 世界观形成的要素

决定我们一切活动的恒在的目标也影响特定心理机能的选择、强度和活动，这些机能可以赋予世界观形态和意义。这就解释了这个事实：我们每个人只能经历生活的某个特定事件，或者我们所生活的整个世界的一个特定片段。我们每个人重视的只是那些适合自己目标的东西。我们如果没有清晰地理解一个人所追求的秘密目标，就无法真正理解他的行为；除非知道他全部的活动都受到这个目标影响，否则我们也不能评价他的行为的各个方面。

A 感知

外部世界产生的印象和刺激通过感觉器官传递到大脑，并在脑海中保留它们的某些痕迹。在这些痕迹的基础上，想象和记忆的世界被建立起来。但是，感知与照片是绝对不能相提并论的，因为感知的结果与感知者本人的个性密切相关。我们不会去感知自己所看到的一切。没有哪两个人会对同一幅画产生一模一样的反应；如果我们问他们感知到了什么，那么得到的回答一定相去甚远。孩子只会在他所处的环境中感知到那些与先前由各种因素决定的行为模式相适应的东西。视觉欲望高度发展的孩子所感知到的事物具有显著的视觉特征。大多数人都很可能是视觉思维类型的。也有的人主要以听觉感知来填充他们为自身创造的世界图像。这些感知不需要与现实严格一致。每个人都有能力重新配置和安排自身与外部世界的联系，以便适应他的生活模式。一个人的个性与独特性在于他感知到**什么**和**如何**感知。感知不仅仅是一种简单的生理现象，它还是一种心理功能，我们可以从中得出关于内在生活的最深远的结论。

B 记忆

在感知的基础上，心灵发展与活动的必要性存在密切的联系。心灵与生俱来就与人类机体的运动性有关，而且它的活动是由机体运动性的目的所决定的。人类有必要收集并整理外部刺激和他所生活的世界的关系，而他的心灵，作为一种适应器官，必须发展所有那些能保护他或者积极维持他的生存的机能。

现在我们已经知道，个体心灵对生活问题的反应会在心灵结构中留下痕迹。适应的必要性主宰着记忆和评价的功能。没有记忆就不可能对未来采取任何预防措施。我们可以推断，所有回忆都内含一个无意识的目的。它们不是偶然现象，而是鼓励或者警告的清晰表达。没有无足轻重或者毫无意义的回忆。只有在确切把握它所追求的目标时，我们才能评价它。知道**为何**人们记得某些事情而忘记另一些事并不重要。我们之所以记得对于特定心理倾向来说非常重要的事情，是因为这些回忆促进了一个重要的潜在运动。同样，我们会忘记那些破坏计划实现的事情。因此我们发现，记忆也属于一种有目的的适应，并且每个记忆都受到指导整体人格的目标观念的主宰。一段持久的记忆，**即使是错误的**（例如，童年时期的记忆常常充斥着偏见），只要它是达到预期目标所必需的，便有可能被移出意识的领域，表现为一种态度，或一种情绪基调，甚至是一种哲学观点。

C 想象

个体的独特性在幻想和想象的产物中表现得最清楚。想象是指一种知觉的再现，而产生这种知觉的对象本身并不存在。换句话说，想象就是被再现的知觉——这是心灵创造力的又一个证明。想象的产物不仅是一种感知的重复（感知本身就是心灵创造力的产物），它还是建立在感知基础上的全新而独特的产物，就像感知是建立在生理感觉基础上的一样。

有一些幻想在聚焦的清晰性方面远远超出了惯常的想象。这些幻想的轮廓过于清晰，以至于它们的价值也超出了想象的产物，而是能够影响个体的行为，就好像缺席的刺激对象确实在场一样。当幻想表现得像是实际在场的刺激的结果时，我们称之为**幻觉**。产生幻觉的条件和产生奇幻白日梦的没什么不同。每个幻觉都是心灵根据特定个体的目标与目的来塑造和聚集的艺术创造物。下面我们用一个例子来进行说明。

一名聪明的年轻女子违背父母的意愿结了婚。父母对她不恰当的婚姻非常生气，于是断绝了与她的一切关系。久而久之，年轻女子开始认为是父母对她不好，由于双方的傲慢和固执，多次和解的尝试都以失败而告终。原本出身体面而富有的年轻女子，由于这场婚姻而陷入了相当贫困的境地。然而，外人根本看不出她的婚姻存在任何不幸的迹象。若不是后来在她的生活中出现了特别离奇的现象，我们可能就此以为她已经调整好了。

这位年轻女子从小到大都是父亲最疼爱的孩子。曾经他们非常亲密，所以如今关系的破裂就更显触目。然而，由于她的婚姻，父亲对她的态度很不好，他们之间的裂痕是如此之深。即使她有了孩子，父母也无动于衷，根本不去看望他们的女儿和那个孩子。年轻女子对于父母无情的态度耿耿于怀，由于受到一种巨大野心的驱使，在原本应该受到体谅与照顾的情况下，她一下子就被父母的态度触动了。

我们必须记住，年轻女子的心情完全受到她野心的控制。正是这种性格特征让我们能洞察和父母决裂这件事对她产生如此深刻影响的原因。她的母亲是一个严厉而正直的人，有很多优点，尽管她对女儿管教很严。她懂得如何顺从丈夫，至少表面上如此，而又不真正放弃自己的地位。的确，她为自己引人注意的顺从而感到骄傲，并将它视为一种荣誉。这个家里还有一个儿子，他像极了自己的父亲，而且是家族未来的继承人。大家都认为他比我们案例中的年轻女子更有价值，正是这样的事实激发了她的野心。一直以来，年轻女子都是在相对受到保护的环境中接受教育，婚姻中经受的困难和贫穷现在迫使她不断想起父母对她的虐待，因此越发感到生气。

一天夜里，在入睡之前，她看到一扇门突然打开，圣母玛利亚走到她的床前，说："我非常爱你，所以我必须告诉你，你会在十二月中旬死去。我不希望你对此毫无准备。"

年轻女子并没有被眼前的幻象吓到，她叫醒了丈夫，把一切告诉给他。第二天，她对医生讲了这件事。这是一种幻觉。年轻女子坚持表示，她真真切切地看到和听到了这一切。乍看之下这似乎是不可能的，但是我们运用知识进行分析时，就能很好地理解它。情况是这样的：这名女子非常有野心，而且正如我们所了解到的，她很喜欢控制他人，在和父母断绝关系后她变得一贫如洗。我们完全可以理解，人们想要战胜现实生活中的一切困难时，就会寻求上帝，与之交谈。如果圣母玛利亚只是一个想象中的人物（就像平时祈祷时一样），那么这件事并没有什么特别值得关注的地方，但是这位年轻女子需要更有力的论证。

当我们知道心灵能够产生错觉的时候，这种现象就变得不再神秘。在类似的情况下做梦的人不都是这样的吗？真正的区别仅仅在于：这个年轻女子能在清醒的状态下做梦。另外，我们必须要说的是，她抑郁的感觉让她的野心更加紧绷。现在我们知道，事实上向她走来的是另一个母亲，大众眼中最伟大的母亲。这两位母亲必须具有一定的反差。因为她自己的母亲**没有**来，所以上帝的母亲出现了。这个幻象是她对自己的母亲以及母亲缺乏对自己孩子的爱的指责。

现在，年轻女子正试图想办法证明父母是错误的。十二月中旬这个时间点并非没有意义。每年这个时候，人们往往会思考更深层次的关系，此时大多数人都会更加热情地聚集在一起，互赠礼物，等等。也正是在此时，达成和解的可能性更高，所以我们明白了，这一特定时间与年轻女子所处的困境有着密切的关系。

那次幻觉中唯一令人奇怪的是，上帝的母亲友善地来到这位女子面前，带来的却是她即将死亡的悲惨消息。她用近乎轻松愉快的语气将这件事告诉了丈夫，她这么做也不是没有意义的。这个预言很快就传出了她家庭的小圈子，第二天医生就知道了：就这样不费吹灰之力，母亲竟然来探望她了。

几天之后，圣母玛利亚再次出现并且说了同样的话。当年轻女子被问及与母亲见面的情况时，她回答说，母亲不会承认自己做错了。于是我们看到，老问题竟又再次出现了。她想要控制母亲的欲望仍然没有实现。

这时，我们尝试让父母了解女儿生活中到底发生了什么，结果，年轻女子和父亲之间的会面结果令人颇为满意。场面十分感人，但是年轻女子仍然不满足，她觉得父亲的行为有些做作。她抱怨他让自己等了太久！即便胜利了，她也改不掉热衷于证明别人有错的习惯，总以胜利者的身份自居。

我们可以从前面的讨论中得出结论，在心理紧张达到最大限度以及担心目标无法实现的时候，就会出现幻觉。毫无疑问，在过去发展相对落后的地区，幻觉对人们的影响相当大。

游记中对于幻觉的描述是众所周知的。例如，在沙漠中迷失了方向，饱受饥饿、干渴和疲劳折磨的流浪者眼前出现了海市蜃楼，这就是个很好的例子。我们可以理解，当生命受到威胁时，受难者便会产生紧张情绪，这种情绪迫使他为自己想象出一个干净、清新的情境，以便逃避环境中令人不快的压力。海市蜃楼代表了一种新的情境，一方面它可以给疲惫的人以希望，让犹豫不决的人重振衰退的力量，让旅行者更坚强或者更敏感；另一方面，海市蜃楼也可以充当一种安慰剂或者麻醉剂，带走人们因恐惧而产生的痛苦。

对于我们来说，幻觉并不是什么新鲜事物，因为我们在感知、记忆机制和想象中已经看到了类似的现象。当人们做梦的时候，也会出现同样的过程。通过加强想象并排除高级神经中枢的判断，很容易就能产生幻觉。在必要或者危急的情况下，在个人力量受到威胁的压力下，我们会通过这种幻觉机制来努力消除并克服软弱的感觉。紧张的程度越高，就越少顾及判断机能。在这种情况下，心里浮现出"尽我所能！"这样的格言，任何人只要借助他所有的心理能量，都能迫使自己的想象力投射到幻觉中。

错觉与幻觉密切相关，唯一的区别在于对于错觉来说一些与外部的接触仍然存在，但是被误解了，就像歌德《魔王》中的情况一样。而潜在的处境和心理上的危险感觉是一样的。

下面这个例子将要说明的是，心灵创造力在需要的时候是如何产生错觉或者幻觉的。一位出身良好的男子由于失败的教育而一事无成，从事着不太重要的职员工作。他已经放弃出人头地的希望。绝望令他备感压抑，朋友们的责备令他的内心更加紧张。在这种情况下，他染上了酗酒的恶习，这能让他立刻忘记一切，备感惬意，并且这可以成为失败的借口。一段时间之后，他因为出现震颤性谵妄的症状而被送进医院。谵妄与幻觉关系密切，在酒精中毒造成的谵妄状态中，患者经常看到小动物（例如老鼠、昆虫还有蛇）。与患者职业相关的其他幻觉也有可能产生。

这位患者找到了医生，他们强烈反对他喝酒。医生们对他进行了严格的治疗，让他彻底摆脱了酒精，他在痊愈后出院并在三年内滴酒未沾。然而此时，他又带着新的问题回到了医院。他说，他经常在工作的时候看到一个斜眼奸笑的男人盯着他。他现在是临时工。有一次，这个男人嘲笑了他，他特别生气，拿起镐头朝着那个男人扔了过去，想看一看那到底是真正的人还是个幻影。那个幻影躲开了镐头，但是随即反过来狠狠地揍了他一顿。

在这个例子中，那已经不是幻影了，因为幻觉中的拳头是真实的。这个现象也不难解释。他**习惯于产生幻觉**，但是这次却是在真正的人身上来**检验**。这清楚地表明，虽然他已经摆脱了酒瘾，但是自从出院以后，他实际上变得更加堕落了。他丢了工作，被赶出家门，只能靠临时工作来混口饭吃，在他和朋友看来，这样的工作是最低级的。他生活中的心理紧张并没有减少。虽然他已经不再依赖酒精，但由于一种慰藉，他变得更加不幸了，尽管这种治疗有很大的好处。他能完成第一份工作离不开酒精的帮助，因为在他一事无成而受到家人责备的时候，酗酒这样的借口比起无能保住工作似乎更能维护自己的颜面。痊愈之后，他又不得不再一次面对现实，这种情况带来的压力根本不亚于他之前的处境。如果现在他失败了，就没有什么聊以自慰的借口，也没有可以指责的对象，甚至连酒精都不行。

在这种心理上的危险情况下，幻觉再次出现。他把自己与过去的处境联系起来，看世界的时候就**好像**他还是一个酒鬼，并且据此口口声声表示，喝酒已经毁了他的一生，现在做什么都无济于事。通过生病，他希望从体面尽失的状态中解脱出来，因此，这对他来说就是在不必亲自做出决定的情况下，从做苦工这样令人不快的职业中解脱出来。上述幻觉持续了很长一段时间，最终他不得不再次回到医院。现在他可以安慰自己：如果不是喝酒毁了他的生活，他能取得更大的成就。这种机制使他得以维持很高的个人评价。对他来说，比起工作，保持个人评价不受到贬损更加重要。他所做的一切都是为了维持这样的信念：如果不是因为不幸降临到他头上，他可能早已成就了一番大事。正是这种证明使他能维持自己的权力关系，让他相信其他人并不比他好，只是他的面前有一道无法逾越的障碍。正当他想找个借口来安慰自己的时候，那个斜眼瞧他的男人出现了；这个幻影挽救了他的自尊。

Ⅲ 幻想

幻想只是心灵的另一种创造机能。在已经描述过的各种现象中，我们都能够看到它的影子。正如将某些记忆投射到意识的焦点上，或者建立奇特的想象的上层建筑，幻想和白日梦也被视为心灵创造性活动的一部分。预见和预判作为所有活动机体的基本能力是幻想的重要因素。幻想与人类机体的活动性密切相关，实际上它只是一种预见和预知的手段。孩子和成人的幻想（有时被称为白日梦）往往与未来有关，"空中楼阁"是他们活动的目标，它作为真实活动的模型以一种虚构的形式被建立起来。对童年幻想的考察清楚地表明，对权力的追求在其中发挥着主导作用。孩子在白日梦中处理他们野心勃勃的目标。大多数孩子对幻想的描述都是以"我长大以后"这样的句子开始的。许多成年人在生活中看起来似乎仍然需要成长。明确强调追求权力再次向我们表明，心灵生活只有在设定了某个目标之后才能发展。在我们的文明中，这个目标需要社会的认可，并且要具有意义。如果目标不明确，个体就不会坚持太久，因为人类的公共生活伴随着不断的自我衡量，这就产生了对优越感的渴望，以及在竞争中获得成功的希望。预见的诸形式在儿童的幻想中非常明显，几乎完全就是儿童权力得以在其中表达的情境。

　　我们不能在这里笼统地得出结论，因为我们无法为幻想的程度或者想象的范围设立尺度。我们之前所说的对于许多情况都是成立的，但是也可能存在某些例外。对于那些以敌对的态度面对生活的孩子，他们的幻想能力则会变得更强，因为他们的警惕心会由于他们的态度被刺激得更加紧张。对于身体虚弱的孩子来说，生活并不总是令人愉快，他们也会形成更强的幻想能力，宁愿沉浸于这种幻想活动之中。在成长的某个阶段，他们的想象力可能会成为逃避现实生活的一种机制。幻想可能会被滥用为一种谴责现实的方式。在这样的情况下，幻想就变成了一种个体对权力的沉迷，他通过想象力这一虚构的杠杆，让自己超越生活的平庸。

　　在幻想生活中，社会感连同对权力的追求也起着重要的作用。在童年时期的幻想中，如果不是将权力应用于社会目的，那么很少会有追求权力的现象出现。我们在一些孩子的幻想中清晰地看到了这一特征，这些幻想包括成为救世主或者优秀的骑士，还有战胜邪恶势力、魔鬼之类东西的胜利者。我们经常发现，有的孩子会幻想自己不属于现在这个家。他们认为自己其实是别人家的孩子，而将来有一天，他们真正的父亲，某个重要人物，会来接他们离开。这种幻想最常见于有强烈自卑感的孩子身上，他们总是受到匮乏的烦扰，被迫待在不显眼的位置，或者对家庭所给予的关爱并不满足。孩子的外在态度会暴露他们渴望高贵的想法，他们表现得好像自己已经长大成人了一样。有时我们会发现这类幻想近乎病态的表现，比如，有的孩子只戴圆顶硬礼帽，有的为了看起来像个男人而四处捡烟头；还有的年轻姑娘决定变成男人，举手投足和穿着打扮都是男孩子的风格。

有些孩子被认为是没有想象力的。这无疑是个错误。这样的孩子要么没有表达自己，要么因为某种原因被迫压抑了幻想。孩子可以通过抑制他的想象来设法取得某种力量感。在受限的努力适应现实的过程中，这些孩子认为幻想是怯懦和幼稚的表现，他们拒绝深陷其中。在某些情况下，这种厌恶甚至导致他们看起来完全缺乏想象力。

Ⅳ 梦：一般的考察

除了前面描述的白日梦，我们还必须应对一种睡眠期间发生的重要活动，即夜梦。一般来说，夜间做梦不过是白天做梦过程的重复。过去一些经验丰富的心理学家指出，从一个人的梦中可以很容易解读出他的性格。实际上，有史以来，梦在很大程度上占据了人类的思维。在夜间的睡梦中，就像在白日梦中一样，我们关心的是筹划、安排和引导未来生活走向安全目标的机体活动。二者最显著的区别在于，白日梦比较容易理解，而睡梦却很少被领会。梦是不可理解的这并不奇怪，而且我们可能忍不住认为，梦是多余而且微不足道的东西。就目前而言可以说，对于设法克服困难并在未来维持自己地位的个体，他的梦里也会出现追求权力的场景。梦为我们提供了解决心理生活问题的重要突破口。

V　共情与认同

心灵不仅具有感知在现实中实际存在之物的能力，还能够感觉和推测未来将会发生什么。因为运动机体经常需要进行调适，所以这对它们所必需的预见功能有着重要作用。我们称这种机能为认同或者共情。这在人类中是非常成熟的能力。它的范围很广，以至于我们可以在心理生活的任何一个角落里找到它。预见的必要性是它存在的首要条件。我们如果不得不预见、预判和推测在某种状况发生时我们应该采取的行动，那么就必须学会通过思想、感受和感知的联系对尚未发生的状况做出正确的判断。这一点非常重要，于是我们就可以更加努力地面对新状况，或者更加谨慎地避免它的发生。

共情发生在人与人交谈的时刻。一个人如果不能认同别人，也就不可能理解别人。戏剧就是共情的艺术表现。还有其他共情的例子，例如，当一个人发现别人身处险境的时候，他也会奇怪地不安起来。这种共情的感觉可能会非常强烈，他甚至不由自主地做出防御的行为，即使并没有真正的危险向他袭来。我们都知道玻璃杯掉落的时候人们会不由自主地做出的那个动作！在保龄球馆，可以看到有些人会随着球的路线而摆动身体，好像想要依靠自己的运动来影响球的方向一样！类似的，在足球比赛中，看台上的人都会朝着各自喜欢的球队推挤，或者当对方球队带球时，他们会试图营造阻力。常见的共情表现还有：车上的乘客在感觉到危险时，会不由自主地在想象中刹车。在经过正在清洗窗户的高楼时，几乎所有人都会做出退缩或者遮挡的动作。正在演讲的人突然慌了神说不下去的时候，听众们就会感到压抑和不安。特别是在剧院，我们会情不自禁地将自己与演员联系到一起，或者自己在心里扮演最多样的角色。我们的一生都非常依赖于认同的能力。如果追寻这种像他人一样行动和感觉的能力的起源，我们就会在与生俱来的社会感中找到它。事实上，这是一种宇宙感，它是我们心中对所生活的整个宇宙的相互关系的反映；这是作为一个人不可避免的特征。它使我们能够将自己与我们自身之外的事物联系起来。

正因为有不同程度的社会感，所以就有不同程度的共情。这甚至可以在童年时期观察到。有的孩子喜欢玩布娃娃，就好像它们也是人一样，而有的孩子则对观察布娃娃的内部更感兴趣。如果将公共关系从人类投射到价值更低或者没有生命的物体上，那么个体的成长可能会彻底停止。如果不是几乎完全缺失社会感以及认同其他生物的能力，孩子就不可能虐待动物。这种缺陷会导致孩子对那些对于他们成长为人几乎没有价值或意义的事物产生兴趣。他们只考虑自己，不在意他人的快乐或悲伤。这些表现都与缺乏一定程度的共情能力密切相关。无法与他人产生共情可能导致个体彻底拒绝与他人合作。

Ⅵ　催眠与暗示

个体如何能够影响他人的行为？对于这一问题，个体心理学认为这种现象是我们心理生活的伴随表现之一。如果个体不能影响他人，那么我们的整个公共生活将不可能成立。在某些情况下，这种相互影响还得到了明显强化，例如师生关系、父母与子女的关系、夫妻关系等。在社会感的影响下，人存在一定程度的受环境影响的意愿。这种意愿的程度取决于施加影响的人对被施加对象的权利的考虑程度。我们不可能对自己正在伤害的人产生持久的影响。当被影响者感觉自己的权利得到保证时，一个人就可以对他施加最大的影响。这是教育学中非常重要的观点。也许可以设想甚至实施其他形式的教育体系，但是考虑到这一点的教育体系就是完全合乎需要的，这是由于它与人类最原始的本能有关，这种本能即与他人和宇宙的关联感。

　　只有当面对故意脱离社会影响的人时，这种做法才会失败。这种脱离的结果并不是偶然出现的。这肯定是一场持久战，在这个过程中，他慢慢失去了和周围世界的联系，所以他现在公开反对这种社会感。这样一来，就很难甚至根本不可能对他的行为施加任何影响。我们可以看到这样一种戏剧性场景：他会对任何试图施加给他的影响做出反抗。

　　我们可以预料，那些感受到环境压力的孩子将对教育者施加的影响表现出反感。然而，也有这样的情况出现，外界压力过于强大，以至于消除了所有的障碍，从而权威的影响得以被保留和服从。很显然，这种顺从没有任何社会效益。它有时以如此怪异的方式表现自身，以至于使顺从的个体不能适应生活。由于他们卑躬屈膝的服从，没有他人下达适当的命令，他们就无法采取任何行动或者思考。这种服从本身会带来巨大的危险，例如，有的孩子长大成人后，会听从任何人的吩咐，甚至会做出犯罪行为。

我们可以在犯罪团伙中看到有趣的例子。执行团伙命令的人就属于这一类型，而团伙的头目通常会远离犯罪现场。在几乎所有涉及团伙犯罪的重要刑事案件中，都有这样一些奴性的人沦为别人的爪牙。这种影响深远的盲目服从达到了令人难以置信的程度，以至于我们偶尔会发现，有的人会为自己奴颜婢膝而感到自豪，并以此作为满足他们野心的方法。

如果仅限于观察正常的相互影响，我们就会发现，最能够接受理性和逻辑的人最容易受到影响，他们的社会感也很少被扭曲。相反，渴望优越感和统治地位的人很难受到影响。每天，观察结果都会告诉我们这样的事实。

很少有父母因为孩子的盲目服从而产生抱怨。最常见的反而是因为孩子不听话而批评他。研究表明，这样的孩子被困在一种要使他们比周围的人优越的趋向当中；他们正在努力冲破他们狭小生活的壁垒。由于在家中受到了错误的对待，教育便无法对他们产生作用。

个体对权力的强烈追求与他能被教育的程度成反比。尽管如此，我们的家庭教育在很大程度上还是在激发孩子的雄心壮志，唤醒他心中的高贵观念。这不是因为思虑不周而产生的，而是因为我们整个文化都充斥着类似的夸大妄想。在家庭中，正如在我们的文明中一样，最受重视的人往往都比其他人更伟大、更优秀、更荣耀。我们将在论虚荣的那一章中揭示这种通向野心的教育方法是多么不适合公共生活，以及野心所造成的困难是如何阻碍心智发展的。

每一个受催眠者都与这样的个体处境相似：由于无条件的服从，他们处处受到周围环境的影响。想象一下，在很短的时间里，他们会听从任何人的突发奇想！催眠就基于类似的准备活动。任何人都可以表示或者认为自己愿意接受催眠，但他可能会缺乏服从的心理意愿。还有一类人可能会有意识地抗拒，但是仍然天生渴望屈从。在催眠中，受催眠者的行为仅仅由他的心理态度决定。他所说的话或者相信的事物都是无足轻重的。对这一事实的困惑使得与催眠相关的错误信息越来越多。通常，在催眠中，大多数个体似乎都努力对抗催眠，但本质上却希望服从催眠者的要求。这种意愿可能具有不同的程度，所以催眠效果也因人而异。在任何情况下，愿意接受催眠的程度并不取决于催眠者的意志。它完全被受催眠者的心理态度制约。

从本质上讲，催眠与睡眠有点类似。它之所以非常神秘，只是因为这种睡眠是在另一个人的指示下进行的。这种指示只会对愿意服从的人产生效果。决定因素通常是受催眠者或受试者的天性和性格。只有愿意接受别人的要求而不加判断的人才能进入催眠状态。催眠不是一种普通的睡眠状态，因为它排除了运动机能，以至于只有在催眠者的指令下，运动中枢才能被调动起来。在这种状态中，受催眠者半梦半醒，只能记住催眠者让他记住的东西。催眠中一个最重要的事实是，我们心灵最优秀的产物——评判机能——完全瘫痪。可以说，被催眠者变成了催眠者延伸出来的手，一个在他的指令下做出反应的器官。

大多数有能力影响他人行为的人都把这种能力归因于他们独有的神秘力量。这便导致了大量不良的后果，尤其是传心者和催眠者的恶劣行为。这些人对人类犯下了严重的罪行，甚至能动用一切满足邪恶目的的手段。这并不是说，他们的所作所为都是为了行骗。遗憾的是，人类这种动物就是能够做到如此服从，以至于沦为冒充拥有特殊能力者的牺牲品。太多人习惯于不经检验就认可权威。公众心甘情愿地被愚弄，愿意接受任何唬人的把戏，而不经过理性的验证。这样的行为永远不会给人类的公共生活带来任何秩序，只会一次又一次地引起受害人的反抗。传心者和催眠者的小把戏不会总是有效。他们经常接触到一些人，一些所谓的容易被催眠的人，他们会竭尽全力去愚弄他们。有时，这就是权威科学家试图向受催眠者展示自己力量的经历。

还有其他一些情况，其中奇特地混杂着真真假假的信息：受催眠者是一个被骗的骗子，他或多或少愚弄了催眠者，但是自己也服从了对方的意愿。显然，在这里起作用的力量不会来自催眠者，而是受催眠者随时准备服从和屈服。除非是催眠者虚张声势，否则不会有什么神力来影响受催眠的人。那些习惯于理性地生活，自己做决定，不轻率地接受他人的话的人，自然不会被催眠，因此，心灵感应的力量在他们身上不起作用。所谓的催眠和传心不过是卑屈服从的表现。

在这一点上，我们必须提到暗示。将暗示纳入印象和刺激的范畴时，它才能得到最好的理解。我们都知道，没有人只会偶尔受到刺激。我们每个人都不断接收到外部世界无数的印象，不可能只感知到单一的刺激。一旦感觉到印象，它就会继续发挥作用。当这些印象以他人的要求和恳求（他尝试说服或者争辩）的形式出现时，我们称之为暗示。这是在转变或者强化接受暗示的人心中已经存在的观点。更加困难的问题是，实际上，每个人对外部世界的刺激都有不同的反应。他受影响的程度与他的独立性密切相关。我们必须牢记两种类型的人。第一种人总是高估他人的意见，轻视自己的看法，不论它们是对还是错。他们总是过高地评价别人的重要性，还强迫自己欣然接受他们的意见。这种人特别容易受到暗示或者催眠的影响。第二种人认为每一个刺激或者暗示都是一种侮辱。他们认为只有自己的看法才是对的，并不关心它实际正确与否。他们无视他人提出的任何观点。这两种类型的人都有一种软弱感。第二种人的软弱表现在无法接受他人的看法。这类人通常十分好斗，尽管他们可能会为自己能接受暗示而自豪。但是，他们谈论这种开放性和通情达理只是为了强化他们孤立的立场。事实上，他们难以接近，别人很难与他们共事。

孩子在尝试征服世界时所用到的全部器官中，感觉器官对于确定他与所生活的世界的基本关系是最重要的。正是通过感觉器官，人们才能构建自己的世界观。

我们每个人重视的只是那些适合自己目标的东西。我们如果没有清晰地理解一个人所追求的秘密目标，就无法真正理解他的行为；除非知道他全部的活动都受到这个目标影响，否则我们也不能评价他的行为的各个方面。

个体的独特性在幻想和想象的产物中表现得最清楚。

我们不可能对自己正在伤害的人产生持久的影响。当被影响者感觉自己的权利得到保证时，一个人就可以对他施加最大的影响。

最能够接受理性和逻辑的人最容易受到影响，他们的社会感也很少被扭曲。相反，渴望优越感和统治地位的人很难受到影响。

第五章　自卑感与争取认可

▌ 自卑感、缺陷感和不安全感共同决定了个体存在的目标。

I　童年早期的状况

现在，我们当然已经准备好要承认，天生存在缺陷的孩子与从小就享有生活乐趣的孩子对待生活的态度完全不同。我们可以说，作为一项基本法则，天生身体有缺陷的孩子从小就被卷进了痛苦的生存斗争当中，这往往会扼杀他们的社会感。他们不再关心如何让自己适应同伴，而是不断地关注自己，关注自身留给他人的印象。生理缺陷与社会压力或经济负担一样，作为一种额外的重负，能催生对世界的敌意。这种决定趋势从很早开始就确定了。这样的孩子早在两岁的时候就经常产生这样的感觉，认为自己不像玩伴那样有足够的能力应付斗争；他们不敢相信自己能参与日常游戏和娱乐活动。由于过去的匮乏，他们有一种被忽视的感觉，从而表现出焦虑的期待。我们必须记住，每个孩子在生活中都处于劣势；如果不是因为家庭提供的一定的社会感，他就无法独立生存。每当看到孩子的软弱和无助，我们就会意识到，每一个生命最初都或多或少充满了深深的自卑感。每个孩子迟早都会意识到自己无法独自面对生存的挑战。这种自卑感是一种动力，是每个孩子奋斗的起点。它决定了孩子在生活中获得和平与安全的方式，决定了他存在的真正目标，并为实现这个目标铺平了道路。

儿童可教育性的基础就在于与孩子的器官潜能密切相关的这种独特状况。可教育性可能会遭到两种因素的破坏。其中一个是夸大的、强烈的、未消除的自卑感；另一个因素则是一种目标，它不仅需要安全、和平与社会平衡，还需要努力表达对外界环境的权力，这是一种统治他人的目标。有这种目标的孩子总是非常显眼。他们之所以成为"问题"儿童，是因为他们把每次经历都当作失败，而且认为自己总是被自然和人类忽视和歧视。我们需要考虑到所有这些因素，看看孩子的一生中出现一种扭曲的、不充分的、错误百出的发展是多么不可避免。每个孩子都经受着错误成长的风险。总有一天，他们会发现自己处于某种不安全的境地。

由于每个孩子都必须在成人的环境中长大，所以他倾向于认为自己软弱、渺小、不能独自生活；他不相信自己能够不出差错或者干净利落地完成别人认为他有能力做好的简单任务。我们在教育方面的大多数错误都是从这一点开始的。在要求孩子做超出能力的事情时，他的无助感就全都写在脸上。有人甚至刻意让孩子觉得自己渺小和无助。有的孩子被当作玩具，活的布娃娃，有的被看成是具有价值的财产，需要仔细看管，还有的孩子被驱使着感觉自己是没有用的废物。父母和成年人的这些态度常常导致孩子认为他能做的只有两件事：让大人开心或者感到不快。这种由于父母而产生的自卑感可能会因为我们文明的某些特点而进一步加剧。其中就包括习惯于不把孩子当回事。孩子会产生这样的印象：他是个没有权利、无足轻重的人；他需要乖乖听话、彬彬有礼、保持安静；等等。

许多孩子在担心被嘲笑的恐惧中长大。嘲笑孩子近乎犯罪。它会对孩子的心灵造成影响，这种影响还会转移到他成年后的习惯和行为中。小时候经常被嘲笑的人很容易被识别出来；他无法摆脱对再次被嘲笑的恐惧。不把孩子当回事的另一种做法是惯于对孩子说明显的谎言，结果，孩子不仅开始怀疑眼前的环境，还会质疑生活的严肃性和现实性。

有案例记载，有的孩子在学校里总是无缘无故地大笑，当被问及原因时，他们承认自己把学校当成是父母的一个玩笑，认为它根本不值得认真对待！

Ⅱ 自卑感的补偿：追求认可和优越感

自卑感、缺陷感和不安全感共同决定了个体存在的目标。让自己成为焦点、吸引父母注意的倾向从生命的最初阶段就表现出来了。在此，我们可以发现，在自卑感的影响下，对认可的渴望发展自身的最初迹象，它的目的是实现一个目标，让个体看上去比他周围的人都要优秀。

社会感的程度和性质有助于决定这一支配的目标。如果不将个人支配的目标与其社会感进行比较，我们就无法评判任何个体，无论是孩子还是成年人。他的目标是如此构建的，实现了它就可能带来一种优越感，或者提升人格，从而使生活看起来值得过下去。正是这个目标使我们的感觉有了价值，它连接并协调我们的情感，塑造我们的想象力，引导我们的创造力，决定我们应该记住和必须忘掉的事。我们能够意识到，感觉、情绪、情感和想象的价值都是相对而非绝对的；我们心理活动的这些要素都受到对明确目标的追求的影响，我们的感知本身也因此产生偏见，而且可以说，这些要素都是被选择的，它们暗含着人格所追求的最终目标。

我们根据人为创造的固定点来为自己定向，这个点在现实中并不存在，是假想出来的。这样的假设很有必要，因为我们的心理生活存在缺陷。这与其他科学中所用到的虚构概念非常相似，例如，用不存在却非常有用的子午线来划分地球。在所有心理虚构的情形中，我们必须这样做：假设一个固定点，即使更仔细的观察会迫使我们承认它不存在。这一假设的目的仅仅是在混沌的生活中为我们自己定向，以便能够领悟某种相对的价值。这样做的好处是，我们一旦假设出这个固定点，就可以根据它对每一种感觉和情绪进行分类。

因此，个体心理学创造了一种启发式的系统和方法：如此看待并理解人的行为，就好像最终的一系列关系都是在追求明确目标的过程中产生的，而这一过程也受到机体的基本遗传潜能的影响。但是经验告诉我们，追求目标的设想不仅仅是一个简单的虚构。它表明自己在很大程度上与基本原理中的事实相一致，无论这些事实出现在有意识还是无意识的生活中。追求目标，这一心理生活的目的性不仅是一种哲学假设，更是一个基本事实。

当我们寻求如何才能最有效地遏制对权力（我们文明中最邪恶的目标）的追求时，我们面临一个困难，因为这种追求开始于孩子难以被接近的时候。我们只能在他今后的生活中尝试改进和说明。但是，与孩子一起**生活**其实给我们提供了一个机会，可以培养他的社会感，让追求个人权力变成一个微不足道的因素。

另一个困难在于，孩子不会公开表明他们对权力的追求，而是以关爱和仁慈为幌子，在背后偷偷展开行动。他们谨慎地希望以这种方式尽量避免公开。对权力无节制的追求会使孩子的心理发展退化，对安全和力量的过分追求可能会使勇气变为放肆无礼，使顺从变为懦弱，使关爱变成为了统治世界而做出的巧妙的背叛行为。最终，所有自然的感觉或者表达都会带有虚伪的事后想法，其最终目的就是要征服周围的一切。

教育通过种种方式对孩子产生影响：它有意识或者无意识地想要弥补孩子的不安全感，培养他的生存技巧，给予他有教养的理解力，向他提供对同胞的社会感。所有这些措施，无论其来源如何，都是为了帮助成长中的孩子摆脱不安全感和自卑感。我们必须根据孩子的性格特征来判断在这个过程中他的心灵世界发生了什么，因为那是他心理活动的写照。虽然孩子的真实劣势对于他的心理组织很重要，但它并不是衡量他不安全感和自卑感的重要标准，因为这主要取决于他对于它们的理解。

我们不能指望孩子在任何特定的情况下都能正确评价自己；我们甚至不指望成年人能做到这一点！正是这样，困难迅速增长。孩子在如此复杂的环境中长大，所以关于他的自卑程度所犯的错误是不可避免的。别的孩子能更好地解释他的处境。但是总的来说，孩子对于自己的自卑感的理解每天都在发生变化，它不断地得到巩固，直到最终成为明确的自我评价；这成为孩子在所有行为中保持的自我评价的"常量"。根据这一成形的标准或自我评价的"常量"，孩子为了引导自身脱离自卑感而创造的补偿趋向将指向这个或那个目标。

心灵试图通过补偿机制来抵消自卑感的折磨，这种机制在器质层面也有发生。众所周知，我们体内的重要器官因为受损而性能降低时，就会出现增生或功能亢进的情况。因此，在血液循环不畅的情况下，心脏似乎从全身汲取了新的力量，可能不断增强直到比正常心脏更有力。同样地，在自卑感的压力下，或者在认为个体渺小无助的痛苦想法中，心灵会试图竭尽全力来控制这种"自卑情结"。

当孩子的自卑感增强到了担心永远无法弥补自身弱点的程度时，危险就出现了，在他争取补偿的过程中，不会满足于单纯恢复权力平衡；他会过度补偿，寻求一种失衡！

对权力和统治地位的追求可能会变得过于夸张，愈演愈烈，甚至达到堪称病态的程度。一旦发生这种情况，他们将不再满足于生活中的普通关系。此时，他们的行为往往会表现出一种夸大的姿态。它们很好地适应了他们的目标。在处理病态的权力冲动的过程中，我们发现，拼命确保自身在生活中的地位的人更加急躁，更缺乏耐心，更容易产生暴力倾向，而且不考虑别人。这些孩子的行为变得更加引人注目，因为他们朝着自己夸张的支配目标实施夸张的行动；他们对他人生活的攻击迫使他们必须捍卫自己的生活。他们反对世界，世界也反对他们。

这种最坏的情况并非一定会发生。有的孩子追求权力，却没有故意要与社会发生直接冲突，他们的野心在我们看来不具有异常的特征。然而，我们仔细研究他们的活动和成就时就会发现，他们的成功并不能使整个社会从中受益，因为他们的野心是自私的。这种野心总是会让他们成为别人路上的绊脚石。渐渐地，他们还会表现出其他特征，我们如果考虑到全人类的关系，就会发现这些特征会呈现出越来越反社会的色彩。

最突出的表现就是骄傲、虚荣以及渴望不惜一切代价征服每一个人。个体会通过相对地提升自己，又贬低所有与他接触的人来巧妙地实现后面这一点。在后一种情况下，重要的是让自己与同伴拉开"距离"。他的态度不仅让周围的人感到不舒服，就连他自己也会觉得不适，因为这种态度不断地使他接触到生活的阴暗面，阻止他在生活中体验到任何快乐。

有的孩子为了确保自己在环境中的威信而过分追求权力，这很快就迫使他们对日常生活中的任务和责任采取抵制的态度。将这样一个渴求权力的个体与理想的社会人进行比较，在有了一些经验之后，我们就能够详细确定他的社会指数，也就是他脱离同胞的程度。然而，能敏锐地判断人性的人总是睁大眼睛去关注生理缺陷和劣势的价值，他知道，如果在心灵的演化过程中没有这些先天的困难，这种性格特征是不可能形成的。

当我们获得了对人性的真正认识（这基于承认心灵正常发展过程中可能出现的困难所具有的价值），只要充分发展我们的社会感，这种认识就不会成为对人有害的工具。

我们只能用它来帮助同胞。我们绝不能因为他的愤怒就去责怪身体有缺陷或者性格不讨喜的人。这不是他的错。我们必须承认，他有权表达自己的愤怒，我们还必须意识到，我们对他的处境负有一定的共同责任。这是因为我们没有充分地防备造成这种愤怒的社会痛苦。我们如果坚持这一观点，就可以最终改善这种情况。

我们不能将这样的个体当作堕落的、毫无价值的人而去排挤他，而应当把他当成同胞；我们要为他营造一种氛围，让他在其中能够感到自己和他人一样平等。想想看，一个人的器官或者身体缺陷是外在可见的，看见这样的人会让你感到多么不愉快！这是一个非常好的指标，可以衡量你需要接受多少教育才能获得绝对公正的社会价值观，并使自己与社会感的真理完全和谐一致。我们也可以判断，我们的文明对这样的个体负有多少义务。

不言而喻，生来身体就有缺陷的人从小就感受到了额外的生存负担，于是对整个生存产生了悲观的看法。由于这种或那种原因而自卑感更加强烈的孩子，尽管身体缺陷不是那么明显，他们却发现自己也处于类似的境地。自卑感可能会被人为地强化，结果导致他们和天生严重残疾的孩子一样自卑。例如，在关键时期受到相当严格的教育可能会导致这样不幸的结果。他们出生后不久，烦恼就一直伴随左右，从来不会消失，而他们所经历的冷漠使他们无法亲近周围的人。因此，他们认为自己身处一个没有爱和情感的世界，他们与这样的世界没有共通的接触点。

举个例子：一位患者引起了我们的注意，因为他不断地告诉我们他强烈的责任感，以及他所作所为的重要性，而他和妻子的关系非常糟糕。他们两个衡量任何事物的价值都是为了征服对方，简直是锱铢必较。争吵、责备、侮辱，在这样的过程中，两个人不可避免地渐渐疏远彼此。至少对于妻子和朋友而言，丈夫仅存的那点儿微不足道的社会感也被他对优越感的渴望抹杀掉了。

从他的生活中，我们了解到以下事实：在十七岁之前，他的身体几乎没有发育。他一直没有变声，没有体毛和胡须，是学校里最矮的男孩之一。如今他三十六岁。他的外表看不出缺乏阳刚之气，生理发育似乎终于赶上了年龄的成长，并完成了在他十七岁时没有发生的一切。但是八年以来，他一直忍受着发育失败的痛苦，当时他并不确定自然会补偿他的反常。在那段时间里，一想到必须永远做一个"孩子"，他就痛苦不已。

在他很小的时候，现在的性格特征就已经露出了端倪。

他表现得好像自己很重要，好像他的每一个行为都具有极大的影响力。每一个动作都能让他成为万众瞩目的焦点。后来，他便形成了如今我们在他身上看到的那些特征。结婚后，他一直想方设法让妻子认为自己比她认为的更伟大、更重要，而她却一再向他表示，他对自己价值的判断是错误的！在这样的情况下，他们的婚姻几乎难以顺利发展，甚至在订婚期间就暴露出破裂的迹象，最终在一次剧烈争吵之后走向了终点。这时，患者来寻求医生的帮助，因为婚姻的破裂加剧了他已受打击的自尊心的崩塌。为了被治愈，他必须首先向医生学习如何认识人性，必须学会如何领悟自己在生活中所犯的错误。然而，在他接受治疗之前，这个错误，也就是对自卑感的错误评价，已经影响了他的整个生活。

Ⅲ 生活的曲线图与世界观

当我们展示这样的案例时，通常可以很轻松地看出儿童时期的印象与患者真实诉求之间的关系；最好的方式是用类似数学公式的曲线图来表示。连接两点的一条线便可以表示这样的公式。在许多情况下，我们能够画出这样的生命曲线图，个体的整个活动都沿着这条精神曲线进行。

这个曲线方程是个体从童年早期就遵循的行为模式。也许有些读者会认为，我们是在过度简化人类命运，而这是对它的一种贬低，或者认为我们否认了每个人都是他生命的主宰，否认了自由意志和判断。就自由意志而言，这一说法是正确的。事实上，我们确实认为这种行为模式是决定因素，它的最终形态容易受到一些变化的影响，但是，它的基本内容、它的能量和意义从童年之初起就一直保持不变，虽然长大后与成人环境的关系可能会在某些情况下改变它。在我们的考察中，我们必须找到童年时期最早的经历，因为幼儿早期的印象指示了儿童发展的方向，以及将来他应对生存挑战的方向。为了应对生存挑战，孩子将运用所有在他生活中已经发展成熟的心灵潜能；在幼年早期阶段，他感受到的特定压力将改变他面对生活的态度，并以一种原始的方式决定他的人生观与世界观。

在得知人在幼儿期之后并没有改变对生活的态度时，我们不应该感到惊讶，尽管这种态度在后来生活中的表现与最初的不大相同。因此，重要的是将幼儿置于这样一种关系中，在其中他将很难形成错误的人生观。在这一过程中，他身体的力量和抵抗力是重要因素。他的社会地位几乎和教育者的特点同等重要。虽然人们最初对生活的反应是自动的和反射性的，但是在以后的生活中，反应类型会根据一定的目的而发生变化。起初，个人的需要制约着他的痛苦和欢乐，但是后来，他获得了逃避和绕开这些原始需求的能力。这种现象发生在自我发现时期，大约在孩子开始称自己为"我"的时候。这时孩子已经意识到，他与周围环境保持着一种固定的关系。这种关系绝不是中立的，因为它迫使孩子采取不同的态度，并根据他的世界观、他对幸福与完满的理解所给予的需求来调整他的关系。

我们如果重申前面提到过的人类心理生活的目的论，就会越发清楚地看到，这种行为模式的特殊标志必定是一个坚不可摧的统一体。当我们在某些病例中发现看起来截然不同的心理趋向的表达时，只将人看作统一人格的必要性就更明显了。有些孩子在学校和家庭里的行为截然相反，就像有些成年人的性格特征如此矛盾，以至于我们看不清他们的真实性格。同样，两个人的动作和表达可能表面上是相同的，但是当审视他们潜在的行为模式时，我们就会发现他们是完全不同的。两个人看似在做同样的事情，实际上他们做的可能完全不同，两个人看似在做不同的事情，实际上他们可能做的是同样的事！

由于可能存在多种意义，所以我们绝不能将**心灵**生活的表现当作单一的孤立现象；相反，我们必须根据它们所指向的统一目标来评价它们。只有知道一个现象在个体整个生活背景下所具有的价值时，我们才能了解它的本质意义。只有重新确认一个人生活中的每个表达都是他统一行为模式的一个方面这一规律，我们才能理解他的心理生活。

当我们最终知道，人类的所有行为都建立在追求目标的基础之上，并且自始至终受到它的制约，那么我们就可以明白最大的错误可能出在哪里。这些错误的根源在于这个事实：我们每个人都根据自己的特定模式，在加强个人生活模式的意义上来利用自身的胜利和心理资产。这之所以是可能的，是因为我们总是不加检验地接受、转化并吸收所有在我们自身意识的阴影或无意识深渊之中的感知。只有科学才能照亮整个过程，使它变得可理解；只有科学才能最终改变它。在这一点上，我们将通过一个例子来结束这一部分的论述。在这个例子中，我们将运用已经掌握的个体心理学概念来分析和解释每一种现象。

一位年轻的女性患者抱怨她对生活的不满。她认为，这种不满源自她整天都要忙于应付各种各样的职责。我们从她的表现上可以看出她是个急躁的人，眼神中透着不耐烦，她抱怨说，就连必须履行一些简单的职责时，她都会陷入巨大的不安。从她的家人和朋友那里我们了解到，她对一切事情都非常较真，而且在工作压力下，她似乎快要崩溃了。我们对她的大体印象是，对一切都十分较真，这是许多人共有的特征。她的家人向我们透露："她凡事都爱大惊小怪！"

我们可以想象一下这种行为会给她周围的人或者婚姻关系带来怎样的印象，以此来检验这种认为每个简单的任务都特别困难和重要的倾向。我们不免感觉到，这种倾向其实是她在请求环境不要再强加给她更多工作，因为她连最基本的任务也完成不了。

我们对这位女士人格的认识还不够。我们必须鼓励她进一步表达自己。在这一过程中，我们必须旁敲侧击，委婉含蓄，绝不能试图控制患者，这样只会激发出她的敌意。一旦让她产生了信心，给予她交谈的可能性，我们就可以说，她关心的只有一个目标。她的行为表明，她正试图向某人（也许是她的丈夫）证明，她不能承受更多的义务或者责任，她必须受到认真而且温柔的对待。我们可以进一步推测和想象，所有这些肯定是从过去某个时候开始的，而且那时她就提出过这些要求。我们成功促使她确认了这一点：许多年前，她曾经有一段时期渴望关爱胜过一切。现在我们可以更好地理解她的行为，这是她在强化对体贴的渴望，也是在试图防止自己对关爱的渴望再次得不到满足。

她接下来的解释印证了我们的想法。她说自己有一个朋友，在许多方面都和她相去甚远，并且面临不幸的婚姻，渴望逃离。有一次，她遇见这位朋友，当时朋友正手捧着书站在那儿，用厌倦的语气对丈夫说，她真的不知道是否能准备好晚餐。这激怒了她的丈夫，于是他用非常难听的话数落了她的整个人格。我们的患者补充道："一想到这件事，我就觉得自己的方法要好得多。没人能这样责备我，因为我从早到晚都超负荷工作。即使我没有在家按时准备午餐，也没人能责备我什么，因为我的时间已经被各种忙碌紧张的工作占满了。难道我应该放弃这个方法吗？"

我们可以理解她心中的想法。她试图以一种无伤大雅的方式来获得某种优越感，同时通过不断地请求关爱来避开每一个指责。既然这个办法有效，那么让她放弃似乎太不合理，但是她所做的不仅如此。她对关爱的要求（同时也是一种控制他人的企图）永远不会得到充分的满足。于是，各种矛盾都出现了。如果家里丢了什么东西，她就会"无事生非"；接着，她就会忙得不可开交，以至于经常遭受头痛的折磨，而且她也从来没睡过安稳觉，因为她需要以恰当的方式安排自己的活动。她可能收到的一次邀请本身就会成为一件大事。她必须为此做好万全的准备。因为在她看来，哪怕是最无足轻重的活动也是十分重要的，所以登门拜访是一项艰巨的任务，需要花费几个小时甚至几天才能做好准备。我们有一定的把握可以预测，她要么婉言谢绝，要么至少会迟到。这种人一生当中的社会感永远无法超越一定的限度。

在婚姻生活中，有许多关系通过这种对关爱的需求而呈现出一种特殊的意义。例如，丈夫因为工作而无法脱身，或者他必须亲自拜访，或者他必须出席他所属圈子的聚会，如果这种情况下他把妻子留在家里，不就是违背了对妻子的关爱和体贴吗？首先我们可以说，而且情况一般就是这样，处在婚姻关系中的男人尽可能待在家里是正当的。尽管这项义务从某种角度看来可能是令人愉快的，但是实际上，它意味着所有职业男性都要面临棘手的困难。在这种情况下，矛盾是不可避免的，而且在这个例子中问题很快就发生了。偶尔晚归的时候，丈夫试图在不惊动妻子的情况下上床睡觉，结果却惊讶地发现她并没有睡，还用责备的眼神盯着自己。

在此，我们不需要细述这类众所周知的情况。我们不应该忽略这样一个事实，即我们所讨论的不是女性才有的坏习惯，许多男性也有类似的态度。我们关心的只是，对关爱的需求可能偶尔会采取不同的表现方式。比如下面这个例子：如果丈夫有时候不得不在外过夜，妻子就会对他说，既然他的社交活动很少，那么他不必太早回家。虽然是用调侃的语气说出这番话，但是她的用意却颇为严肃认真。它似乎否定了我们先前产生的印象，但是我们如果更仔细地观察就会发现其中的联系。妻子很聪明，不会对丈夫管束得太严格。她的外表非常吸引人，性格没有瑕疵，我们也只是在心理学的方面对她感兴趣。她的话对丈夫的真正意义在于，这是**妻子**在下发最后通牒。既然**她**允许，那么他就可以在外面待到很晚，但是如果他由于自己的原因继续疏远她的话，她会受到极大的伤害和冷落。她的话掩盖了整个情况。她成了指挥者；而她的丈夫，即使他只是在履行自己的社会义务，也不得不听命于妻子的愿望和意愿。

现在，让我们把这种对特别关爱的渴望和新学到的概念联系起来，即只有当这个女子自己掌控的时候，她才能承受某种情况。我们突然意识到，在她的一生中，她一直受到某种冲动的驱使，这使得她永远不会屈居二线，总是试图保持统治的地位，也从不会因为任何苛责而离开她稳固的位置，总是试图占据她个人圈子的中心。在每一种情况下，我们都会在她身上看到这种运动；例如，当她必须换一个新女仆时，她就会异常兴奋。很显然，她关心的是自己是否还能像从前那样对新仆人行使同样的控制权。同样的，在出门散步的时候，她就离开了能够无条件行使控制权的地方，来到外面的世界，置身于街道上，突然之间，一切都不在她的控制范围之内，她不得不躲避每一辆车，此时的她实际上只是一个小小的配角。当我们知道她在家施行的是怎样的暴政时，很容易就能明白她紧张的原因和含义了。

这些特征常常以一种令人愉悦的方式表现出来，以至于初看之下，我们根本不会以为那个人非常痛苦。另外，这种痛苦可以达到十分严重的程度。想象一下这种紧张感被夸大和放大之后的情况。有些人害怕搭乘电车，因为在电车上他们并非自己意志的主人，最终这种紧张感可能会导致他们根本不敢离开自己的家。

这个案例进一步可以成为一个关于童年经历对个体生活产生的影响的具有启发性的例子。我们不能否认，站在这名女子的立场来看，她是绝对正确的。如果一个人的态度和他的整个人生都在以前所未有的强度来要求温暖、尊重、体面和关爱，那么他总是表现出好像负担过重和精疲力竭的样子，不失为达成目的的好方法。因为没有别的办法能让他既远离指责，又迫使周围人温和地对待他，还能让他避开任何这样扰乱心理平衡的东西。

我们如果追溯到患者人生当中相当重要的一段时间，就会发现，即使在上学期间，只要无法完成作业，她就会变得异常激动，并用这种方式强迫老师温柔地对待她。她补充说，她是家中三个孩子里的老大，有一个弟弟和一个妹妹。她经常和弟弟产生冲突。他表现得总是比她要好。她对自己感到生气，尤其是因为人们更关注弟弟的学习，却对她的学业（她本来是个好学生）乃至成就漠不关心。最终，她再也忍受不了，时刻念叨着为什么她的成就得不到同等的评价。

于是我们可以理解，这名女子正在争取平等，而且她从小就有一种自卑感，她一直在试图克服它。结果她选择以成为差生的方式来做出补偿。她试图通过糟糕的成绩来战胜弟弟！这么做并不道德，但是在她幼稚的想法中，她认为这很合理，因为这样一来，父母的注意力会更多地集中在她的身上。她肯定是有意采用某些小策略的，因为她清楚地表明自己**想要**做一名差生！

然而，她的父母一点也没有因为她学业上的失败而烦恼。接着，有趣的事情发生了。她突然开始努力学习，这是因为出现了新的对手，即她的妹妹！妹妹的学习也很糟糕，但是母亲对她失败的关注几乎和对弟弟的一样多，这是由于一个特殊的原因：我们的患者只是学习成绩不好，但是妹妹在举止行为方面也很糟糕。因此，她更能轻松地引起母亲的注意，因为品行不端与仅仅是学习不好有着完全不同的社会影响。前者关联于特殊的突发情况，迫使父母更多地和孩子在一起。

争取平等的斗争暂告失败。现在，争取平等所遭受的损失无法带来永久和平。谁也忍受不了这样的情况。于是，我们不断发现影响她性格形成的新的倾向和活动。现在我们可以更好地理解为什么她总是大惊小怪，总是忙忙碌碌，想要证明自己的压力很大。她原本是为母亲才这么做的，目的就是让父母在关注弟弟妹妹的同时也能注意到她；同时，这也是对父母的一种指责，抱怨他们对她不及对其他人那么好。从那时起，这种态度就一直延续到了今天。

我们可以追溯到更早的时期。她对童年时发生的一件事记忆犹新，当时她想用一块木头去打刚出生的弟弟，正是母亲的关爱才使得她没有造成严重的后果。当时她只有三岁。她发现了（即使在当时）自己被忽视和低估的原因：她是个女孩。她记得非常清楚，父母无数次地表示想要个男孩。弟弟的到来不仅使她被迫离开了温暖的巢穴，还令她受到奇耻大辱，因为他是男孩，所以享受到的待遇比她以往任何时候所得到的都要好。在努力弥补这一缺陷的过程中，她碰巧找到了超负荷工作这样的方法。

现在，让我们对她的一个梦作解释，来说明这种行为模式是如何深深扎根于心灵之中的。这名女子梦见她跟丈夫在家里聊天，但是丈夫看上去不像是一个男人，而是一个女人。这个细节是她处理所有经历和关系的方式的象征。这个梦意味着她与丈夫之间的关系平等了。他不再是她弟弟曾经是的那种占支配地位的男性了，而是已经像女人一样。他们的地位没有差别。在这个梦中，她实现了从小一直渴望实现的梦想。

通过这种方式，我们成功地将人类的心灵生活中的两个点联结在一起。我们看到了她的生活方式、人生曲线和行为模式，从中可以得到统一的图像，总结如下：在这个案例中，我们面对的是通过温和手段来争取主导地位的人。

每当看到孩子的软弱和无助，我们就会意识到，每一个生命最初都或多或少充满了深深的自卑感。每个孩子迟早都会意识到自己无法独自面对生存的挑战。这种自卑感是一种动力，是每个孩子奋斗的起点。

当孩子的自卑感增强到了担心永远无法弥补自身弱点的程度时，危险就出现了，在争取补偿的过程中，他不会满足于单纯恢复权力平衡；他会过度补偿，寻求一种失衡！

在我们的考察中，我们必须找到童年时期最早的经历，因为幼儿早期的印象指示了儿童发展的方向，以及将来他应对生存挑战的方向。

只有知道一个现象在个体整个生活背景下所具有的价值时，我们才能了解它的本质意义。只有重新确认一个人生活中的每个表达都是他统一行为模式的一个方面这一规律，我们才能理解他的心理生活。

第六章　生活的准备

▌ 个体心理学的基本原则之一就是所有心理现象都可以看成是为了
明确目标而做的准备。

　　个体心理学的基本原则之一就是所有心理现象都可以看成是为了明确目标而做的准备。在之前描述的**心灵生活**结构中，我们可以看到对未来的持续准备，并且在这一过程中，个体的愿望似乎得到了满足。这是人们的普遍经历，我们所有人都必须经历这个过程。所有涉及理想未来状态的神话、传奇和传说都关注这一过程。在各种宗教信仰中都可以看到，所有民族都相信有天堂这样的地方，这进一步反映了人类渴望一个消除所有苦难的未来。相信灵魂不朽或者灵魂轮回，都是信仰心灵能够达到新状态的确凿证据。每一个神话故事都见证了人类从来没有失去对幸福未来的希望。

Ⅰ 游戏

在儿童生活中有一个重要的现象，它非常清楚地表明了为将来做准备的过程。这就是游戏。游戏不应该被看作是父母或者教育者随心所欲的想法，而应该被视作教育的辅助手段，是对孩子精神、幻想和生存技巧的促进。每一次游戏的过程都可以反映出孩子对未来的准备。孩子对待游戏的方式、他的选择以及他对此的重视，都表明他对外界环境的态度、他与环境的关系，以及他与同胞建立关系的方式。他是充满敌意还是态度友善，尤其是他是否具有成为统治者的倾向，都会在游戏中表现出来；观察孩子玩游戏的过程，我们可以看到他对待生活的全部态度。玩耍对于每个孩子来说都是最重要的。孩子的游戏应该被视作他为未来所做的准备，对这些事实的发现应该归功于教育学教授格罗斯[1]，他在动物的嬉戏中也发现了相同的倾向。

但是，我们不能把所有游戏的本质都仅看作一种准备。最重要的是，游戏是团体的活动，它使孩子能够满足并实现他的社会感。逃避游戏和玩耍的孩子总是被人怀疑他们

1　卡尔·格罗斯（1861—1946），德国哲学家、心理学家。他在1898年写的一本关于动物游戏的书表明，游戏是为以后的生活做准备。

很难适应生活。这些孩子欣然退出所有的游戏，或者在和其他孩子一起玩耍的时候，他们通常会破坏别人的快乐。骄傲、缺乏自尊心，并且因此担心自己玩不好游戏，是造成这种行为的主要原因。一般来说，通过观察孩子的玩耍，我们能够非常有把握地确定他社会感的多少。

游戏中另一个显而易见的因素是追求优越感的目标，在有成为指挥者和统治者倾向的孩子身上往往会暴露出这一点。我们可以通过观察孩子如何极力表现自己，以及对满足自己成为主角愿望的游戏的喜爱程度来发现这种倾向。几乎所有游戏都至少具备其中一个因素：为生活做准备、满足社会感或者追求统治地位。

然而，还有一个因素在起作用，也就是孩子在游戏中表达自己的机会。在游戏中，孩子或多或少依靠自己，而他的表现会受到自身与其他孩子联系的激励。很多游戏都特别强调这种创造性倾向。在为将来职业做准备的过程中，那些能够发挥孩子创造精神的游戏尤其重要。许多人都曾经有过这样的经历：小时候为洋娃娃做衣服，长大后为成人做衣服。

游戏与心灵有着不可分割的紧密联系。可以说，它是一种职业，而且必须被看成是一种职业。因此，在孩子玩耍时打扰他是一件非常严重的事。游戏不应该被当作消磨时间的手段。就为将来做准备这个目标来说，每个孩子内心都具备他将来会成为的那个人的某些特质。因此，我们在了解某个人的童年之后，就更容易对他做出评价。

Ⅱ 专注与分心

专注力是心灵的特征之一，对于人类的成就来说属于最重要的因素。我们利用感觉器官考虑外在或者内在的某个特定事件时，就会产生一种特殊的紧张感，它不会扩散到我们全身，而是仅限于单一的感觉器官，比如眼睛。我们会感觉到有什么事情正在发生。对于眼睛来说，眼轴的方向就会带来这种特殊的紧张感。

如果专注力在心灵的任何方面或者在我们运动的机体中引起特殊的紧张感，那么与此同时，就可以排除其他感觉引起的紧张了。因此，我们只要想专注于一件事，就希望排除其他所有干扰。就心灵而言，专注是一种意愿的态度，用来在我们自身和确定事实之间架起一座特殊的桥梁，以此做好进攻的准备，它源于我们的需要，或者源于一种特殊情况，即要求我们将全部力量都指向某一特定目标。

如果排除病患和智力低下的人，每个人都拥有专注的能力，但是很多人经常心不在焉。这有很多原因。首先，疲劳或者疾病是影响专注能力的因素。此外，还有一些人缺乏专注力是因为他们不想集中注意力，因为他们应该专注的对象与他们的行为模式不符；但是，当他们认为某些事情与自身生活方式密切相关时，他们的专注力马上就会被唤醒。缺乏专注力的另一个原因是总是喜欢提出反对意见。孩子往往倾向于表现出反对的情绪，经常对外界的每一个刺激都报以否定的答复。他们有必要公开自己的反对。教育工作者的职责就在于，通过将孩子必须学习的知识与他的行为模式联系起来，并使之与他的生活方式密切相关，来使这个孩子顺从。

有些人看到、听到和感知每一个变化。有些人完全依靠双眼来接触生活；有的则完全依靠听觉器官。有些人什么也看不见，什么也注意不到，对视觉上的事物没有兴趣。我们可能会发现，由于个体更敏感的感觉器官没有得到刺激，所以即使他的处境能够保证他最大的兴趣，他依旧会心不在焉。

唤醒注意力的最重要的因素是对世界强烈的兴趣。兴趣所在的心理层面比专注力更深。如果有兴趣，那么我们自然就会集中注意力；只要兴趣存在，教育者就不需要担忧注意力的问题了。兴趣成了一个简单的工具，可以用它来为确定的目标征服知识的领域。没有人可以在成长的过程中不犯错误。由此可见，当这样的错误态度固定在某个个体身上时，同样也会涉及专注力，因此，专注力就指向了在为生活做准备的过程中不重要的事情上。当这些**兴趣**指向自己的身体或者权力的时候，无论它们涉及什么，无论要赢得什么，或者无论个体的权力在何处受到威胁，他都能**集中注意力**。只要新的兴趣无法取代对权力的兴趣，专注力就永远不会转移到无关紧要的事情上。我们可以观察到，当孩子的受认可度和重要性受到质疑时，他们会立刻变得专注。另一方面，当他们产生一种与自己"什么关系也没有"的感觉时，他们的专注力很容易就会消失。

专注能力存在缺陷实际上只是表明，个体倾向于撤离别人认为他应该关注的情况。因此，说某人不能集中精力是不正确的。事实上，他非常专注，但总是专注于其他事情。缺乏意志力和精力与无法集中注意力十分相似。在这种情况下，我们通常会发现，人们会以不同的方式表现出一种固执的意志和不屈不挠的力量。这没有简单的治疗方法。只能尝试改变个体的整个生活方式。不论是哪种情况，我们都可以确定，正是因为追求另一个目标，才会造成无法专注。

经常心不在焉会成为一种永久的特征。我们常常遇到这样的人，他们有明确的任务在身，却不愿意去做，要么只完成其中的一部分，要么彻底逃避，结果总是给他人增加负担。他们一如既往的心不在焉就成了固定的性格特征，一旦他们被要求做一些事情时，这种性格特征就会显现出来。

Ⅲ　过失犯罪与健忘

我们常说的过失犯罪，是指个人的安全或者健康因为疏于采取必要的预防措施而受到威胁。过失犯罪是注意力不集中程度最高的一种表现。这种注意力缺陷是由对同胞缺乏关心而造成的。我们可以通过观察孩子在游戏中所犯过失的特点，来判断他们是只考虑自己，还是也会考虑他人的权利。这些现象是评判人类公共意识和社会感的明确标准。当社会感发展得不够充分时，即使面临惩罚的威胁，人们也难以为同伴争取足够的利益；而当社会意识发展良好时，这种利益是不言而喻的。

因此，过失犯罪相当于一种有缺陷的社会感，但是我们绝不能太过偏执，以免忘记弄清楚个体不像我们所期待的那样关心同胞的原因。

我们可以通过限制自己的注意力来产生遗忘，就像通过这种方式会丢失贵重物品一样。尽管可能会存在更大的紧张，即兴趣，但这种兴趣可能由于不愉快而受到抑制，从而导致物品丢失或者记忆丧失，或者至少是从此开始助长这种影响。例如，孩子弄丢课本就是这样的例子。很显然他们还没有习惯学校的环境。经常弄丢或者放错钥匙的家庭主妇往往是一些并不情愿成为家庭主妇的女人。健忘的人通常不愿公开反抗，然而这种健忘暴露了他们对任务缺乏一定的兴趣。

Ⅳ　无意识

我们的论述中经常出现这样的个体，他们意识不到自身心理生活的现象的意义。专注的人很少会告诉你他一眼就能看出一切的原因。我们无法在意识领域中找到某些心理能力；虽然我们可以有意识地迫使自己的注意力达到某种程度，但是引起这种注意力的刺激并不存在于意识之中，而在于我们的兴趣，这些兴趣大部分又存在于无意识的领域。从它的最大的范围来看，这同时是心灵生活中的一个方面和一个重要因素。我们可以在无意识中找到个人的行为模式。在他有意识的生活中，我们面对的只有一种反省，一种否定。在大多数情况下，一个虚荣的女人在表现出虚荣的时候往往并不自知；相反，她会举止得体，只让别人看到她的低调谦逊。要成为虚荣的人没有必要知道自己是虚荣的。的确，对于这个女人的目的来说，知道自己虚荣是徒劳的，因为她如果知道自己虚荣，就不会继续虚荣。只要将注意力集中在无关紧要的事情上，我们就可以不看到自己的虚荣心，从而获得某种巨大的安全感。整个过程都是不知不觉发生的。试着和一个虚荣的人谈他的虚荣心，你就会发现这个话题很难进行下去。他可能会回避这个问题，拐弯抹角，以免让自己心烦意乱；这只会让我们更加确信自己的观点。他想要一点小花招，而有人无意中拆穿他的时候，他就会立即采取防御态度。

　　人可以被分为两种类型：比一般人更了解自己无意识的人，和不太了解的人。也就是说，这是根据意识的范围做出的分类。在很多情况下我们碰巧发现，后者集中在一个很小的活动领域，而前者的活动领域更多元，并且对人、事物、事件和想法抱有很大的兴趣。感觉自己被逼入绝境的人，生活的一小部分就自然可以满足他们，因为他们与生活格格不入，不像按规则生存的人那样能够清晰地看到生活的问题。他们是糟糕的队友。他们无法理解生活中的美好事物。由于对生活的兴趣十分有限，所以他们只能感知到问题中微不足道的一部分，因为他们惧怕在更广阔的视野中丧失个人的权力。从生活里的个体事件中我们经常发现，由于个体低估自己，他对自身的生存能力一无所知。我们还会发现，他没有充分正视自己的缺点；他认为自己是个好人，然而实际上，他做任何事都是出于利己的思想。反之亦然，有的人认为自己是个利己主义者，而仔细分析之后便会发现，他其实是个很好的人。无论是你对自己的看法，还是别人对你的看法，其实都不重要。重要的是对人类社会的普遍态度，因为它决定了每个人的一切愿望、兴趣和活动。

我们面对的又是两种类型的人。第一种类型的人活得更加清醒，对待生活中的问题客观而且不盲目。第二种类型的人对生活中的问题存有偏见，只看到其中的一小部分。这类人的言行总是以无意识的方式被引导。两个生活在一起的人可能会由于他们之中总有人处于对立状态而感到苦恼。这种情况并不少见。或许更常见的是双方都处于对立的情况。他们对与自己对立的一方一无所知，只认为自己是对的，并且拿出理由证明自己是和平与和谐的拥护者。

尽管如此，事实证明他是错的。实际上，他的每一句话都是在用反对来攻击对手，尽管他的攻击从外表上看并不明显。更仔细地观察后我们发现，他的一生都表现出敌视和好战的态度。

人类自身形成的力量不断地发挥作用，尽管他们对此一无所知。这些能力潜藏在无意识中，影响着他们的生活，有时甚至在他们毫无察觉的时候导致痛苦的后果。陀思妥耶夫斯基在他的小说《白痴》中很好地描述了这种情况，一直令心理学家们惊叹不已：在一次社交聚会上，一位女士用嘲笑的口吻告诫作为小说主人公的公爵，不要碰倒他旁边昂贵的中国花瓶。公爵向她保证他会小心，但是几分钟后，花瓶掉在地上，摔成了碎片。没有人认为这件事是纯粹的意外；大家都认为这是必然的行为，因为这完全符合这个男人的性格，他感到那位女士的话冒犯了自己。

我们不能只根据个体有意识的行动和表达来对他进行判断。他思想和行为中无意识的小细节往往会帮助我们更好地了解他的真实本性。

例如，经常做出咬指甲或者挖鼻子这类不雅行为的人，并不知道这样的行为暴露了他们非常固执的事实，因为他们不了解导致自身具有这些特征的关系。然而我们非常清楚，他们肯定从小就因为这些坏毛病而多次受到责备；尽管如此，他们还是没有改掉它们，那么他们肯定是相当固执的人！如果经验更加丰富的话，我们就可以通过观察反映出他整体存在的微不足道的细节，得出关于任何人的更深层次的结论。

下面两个例子将表明，对于心理组织来说，无意识的事件保持在无意识当中是多么重要。人类心灵能够引导意识，也就是能将从某种心理运动的观点来看是必要的东西维持在意识中，反之亦然，只要对于维持个体的行为模式来说是可取的，就允许某物保持在无意识中或者使之进入无意识。

第一个例子的主人公是一位年轻人，他是家中的长子，和妹妹一起长大；母亲在他十岁的时候去世了，从那时起，他的父亲——一个非常聪明、善良、有道德的人——不得不承担起教育孩子的重任。父亲花费了大部分精力培养儿子的雄心壮志，并鼓励他从事更伟大的事业。这个男孩努力成为班里的标杆，表现异常出色，不论道德素养还是知识学问，他都名列前茅，这令父亲非常欣慰，因为他从一开始就期望儿子能出人头地。

渐渐地，这位年轻人形成了一些令父亲忧虑的特征，而他试图做出改变。他的妹妹长大后成了他强劲的对手。她的表现也很优异，尽管她对利用自身的软弱来取得胜利感到满意，但是她以牺牲哥哥为代价提升了自己的重要性。她非常善于做家务活，使得哥哥难以与其竞争。作为一个男孩，他发现很难在家务方面获得认可和重视，而在其他领域中他只要努力就可以轻易得到。很快，父亲注意到儿子的社会生活变得不太寻常，随着青春期的临近，这一点越发明显。事实上，他没有社交生活。他对所有新结识的人都怀有敌意，而且如果对方是女孩子的话，他就逃得远远的。起初，他父亲没觉得这有什么特别之处，但是时间长了，男孩的社交反应演变到如此境地，他几乎不出门，就连出门散会儿步都令他极其不快，除非是在暮色之中。尽管他对待学业和父亲的态度仍然无可非议，但是他变得非常封闭，甚至最终拒绝问候他的老友。

　　事情发展到最后，男孩彻底闭门不出了，此时父亲带他去看医生。几番询问之后，医生就明白了这一情况的原因。男孩觉得自己的耳朵很小，以为大家都认为他很丑。事实上情况并非如此。医生驳回了他的想法并告诉他，他的耳朵与其他男孩无异，这只是他脱离众人的借口。此时他又补充说，他的牙齿和头发也非常难看。当然，真实情况也不是这样的。

　　另外，我们很快发现他非常有野心。他深知自己的雄心壮志，并认为是父亲培养了他的这种性格，他的父亲经常激励他去从事更伟大的事业，以便获得更高的地位。他对未来的计划在此达到了顶点，他渴望成为一个科学英雄。要不是一种逃避人类和同胞的所有责任的倾向随之而来，这种渴望也不会如此显著。这个男孩为什么对自己抱有这些幼稚的看法呢？如果这些看法是正确的，它们就可以证明他以某种谨慎和焦虑的态度对待生活是正确的，因为在我们的文明中，丑陋的人无疑会遇到许多困难。

　　进一步了解后我们得知，这个男孩怀着远大抱负追随着一个特定的目标。以前他总是班上的第一，并且想一直保持下去。能够实现这一目标的方法有很多，例如集中精力、勤奋努力等等。这些对他来说还不够。他试图摆脱生活中一切看似无关紧要的事情。他也许会这样想："既然我要出名，既然我要全身心地投入科学工作，我就必须放下一切不必要的社会关系。"

　　但是，他既没有这么说也没有这么想。相反，他抓住自己断言的丑陋这一无足轻重的因素，并利用它来达到目的。在他的计划中，夸大这一微不足道的事实发挥了重要作用，使他有理由做自己实际上想做的事。他现在所要做的就是鼓起勇气去争辩，去放大自己的丑陋，以便达到他不为人知的目的。如果他说，为了保持第一，他愿意像苦行僧一样生活，那么所有人都能清楚理解他的想法。虽然他无意识地专注于扮演英雄的想法，但是在意识层面他没有觉察自己的目的。

他从来没想到自己愿意冒着生命中的一切风险去达到这个目的。如果他已经意识到这一点，并且为了成为科学英雄而决定公开地拿生命中的一切作为赌注，那么他就不可能像通过说自己很丑、不敢进入社会来实现自己的目标那样如此自信；此外，任何公开表示想永远做第一或伟人，并且愿意为此牺牲一切人际关系的人，在同伴眼中都是荒谬可笑的。这种想法太可怕了，我们压根儿不敢去想。无论是为了别人还是自己，有些想法不能太过公开。正因为如此，这个男孩生活的指导思想必须保留在无意识领域当中。

如果现在我们向他表明他生活中的主要动机，并对他说明他因为害怕失去自己的行为模式而不敢直视自身的倾向，我们自然会打乱他的整个心理机制。他不惜一切代价阻止的事情现在发生了！他无意识的思维过程变得清晰透明！那些不被承认的想法，不敢保留的观念，那些有了意识之后会扰乱我们整个行为的倾向都在此暴露无遗。这是一种普遍的人类现象：每个人都只会抓住证明自己正确的思想，拒绝一切可能阻止他继续前进的想法。人们只敢做那些根据他们对世界的解释来说于己有益的事。对我们有益的东西才会被意识到；而干扰我们想法的东西，就会被推入无意识的领域。

第二个例子的主人公是一个非常能干的年轻男孩，他的父亲是一位老师，总是激励儿子成为班上的第一名。所以在这个例子里也是一样，男孩小时候的表现总是出类拔萃。无论走到在哪里，他都是赢家。他是社交圈里最有魅力的成员之一，而且有好几个亲密朋友。

十八岁那年发生了巨大的变化。他丧失了生活中的一切乐趣，变得情绪低落，心烦意乱，竭尽全力想要撤离这个世界。他一交到新朋友，就马上破坏这份友谊。每个人都觉得他在不停地设置障碍。然而，他的父亲却希望这样的封闭生活能让他更加专注于学习。

在治疗过程中，这个男孩不断地抱怨，说父亲剥夺了他生活中的所有快乐，让他找不到继续生活的自信和勇气，除了在孤独中悲伤地度过余生以外别无他法。他在学业上的进步势头已经有所减慢，上大学的时候他甚至不及格。

他解释说，这种改变是从一次社交聚会开始的，当时朋友们嘲笑了他对现代文学的无知。类似重复的经历使他开始自我封闭，并导致他脱离社会。他认为自己的不幸都是父亲一手造成的，于是父子之间的关系日益恶化。

这两个例子有许多相似的地方。在第一个例子中，患者由于妹妹的对抗而受到挫折，第二个例子中则是患者对有过错的父亲的挑衅态度。两位患者都受到所谓的英雄主义理想的引导。他们都太沉湎于自己的英雄主义理想，以至于失去了与生活的一切联系，变得灰心丧气，宁愿彻底放弃抗争。但是，我们不会相信第二个患者会对自己说："既然我不能继续这种英雄般的存在，那么我就退出生活，痛苦地度过余生！"

可以肯定的是，错的是他的父亲，他的教育方式十分糟糕。很显然，这个男孩只盯着失败的教育，他不断地抱怨它，以此来为自己的退缩辩解，因为他认为自己接受的教育太差了，以至于只有退出社会才能解决他的问题。这样一来，他便不会再遭受失败，他能够把自己的不幸完全归咎于父亲。也只有这样，他才能为自己保留一部分自尊，并且满足他对重要事物的追求。他拥有辉煌的过去，而他未来的辉煌却因为父亲的教育不善阻碍了他取得更加伟大的成就而终止。

在某种程度上我们可以说，他的脑海中仍然无意识地保留着这样的想法："既然我现在离生活的前线更近了，既然我知道始终保持第一不再那么容易，那么我就要尽一切努力彻底退出生活。"然而，这样的想法是不可思议的。没有人会说出这样的话，但是一个人可以表现得他**好像**已经把这个想法牢记在心了。这一切需要通过进一步的论据才能实现；通过成天忙于指责父亲的错误教育，他成功地逃避了社会，并且避免了生活中一切必要的决定。如果他意识到了这一思路，他的秘密行为必然会受到干扰。因此，它被保持在无意识当中。既然他拥有如此辉煌的过去，那么又有谁会说他是一个没有天赋的人呢？即使他现在没有取得新的胜利，也一定不会有人责怪他！父亲在教育方面所造成的有害影响是不容忽视的。儿子本身同时是审判者、原告和被告。难道他现在应该放弃这样一个有利的地位吗？他太清楚了，只要他这个做儿子的愿意，只要他操纵手里的控制杆，他的父亲就会受到责备。

V 梦

长期以来，人们一直认为可以从个体的梦中了解他的整体人格。与歌德同时代的利希滕贝格[1]曾经说过，人们可以通过一个人的梦而不是行动和言辞更好地猜出他的性格和本质。这种说法有点夸张。从我们的立场来看，人们必须非常谨慎，只有在与其他现象相关联的情况下，才能利用心理生活中的**单一**现象。所以，只有在其他特征中找到额外的证据来证实我们对梦的解释时，我们才能通过个体的梦总结出他的性格。

梦的解释可以追溯到史前时代。对文化发展各个历史时期的研究，特别是对神话和传说的研究，让我们可以得出这样的结论：过去时代的人们要比如今的我们更加关注对梦的解释。我们还发现，过去普通人对梦的理解比今人要高明得多。只要回想一下梦在古希腊人生活中所起的巨大作用，或者西塞罗写过的关于梦的书，或者《圣经》中许多关于梦的描述，就能够看出这一点。当然，不仅如此。《圣经》中的梦要么被巧妙地解释，要么被直接讲述，就好像每个人都能准确地解释与理解它们一样。例如，约瑟夫告诉哥哥们他梦到麦子捆。此外，通过起源于完全不同文化的尼伯龙根神话，我们可以断定梦还被用作证据。

1　利希滕贝格（1742—1799），德国思想家、作家。

如果我们把做梦作为一种接近和了解人类心灵的方法，那么就不应该站在那些在梦及其解释中寻求奇幻和超自然影响的研究者的角度来看待这个问题。只有能够通过其他深层次的观察来证明和加强自己的主张时，我们才会依赖梦的证据。

即便在今天，仍然有人倾向于相信梦对未来具有特殊意义。有些观念论者甚至放任自己受梦的影响。我们有一位患者就以这样的方式自欺欺人地拒绝所有正当职业，投身于交易所的赌博当中。他总是根据自己的梦来下赌注。他收集了过去的种种经历，证明每当没有听从自己的梦时他就会很不走运。毫无疑问，除了能梦见他清醒时所专注的事物以外，他什么也梦不到。以这种方式，可以说，他在梦中自我赞扬，而且在很长一段时间里他能说在梦的影响下赢了很多钱。一段时间后，他又说自己的梦毫无价值，似乎他把所有的钱都输光了。由于即使没有梦，这种情况也经常发生在炒股的人身上，我们在此看不到任何奇迹。对某一特定任务抱有强烈兴趣的人，即使在夜里也想着要解决问题。有的人根本不睡觉，始终在清醒的时候思考自己的问题，还有的人则在睡梦里忙着自己的计划。

这种在睡眠中占据我们思想的奇特现象，只不过是连接昨天和明天的桥梁。如果我们了解个体对待生活的一般态度，就会知道他如何在"现在"和"未来"之间搭桥。将此作为一条规律，我们就能够理解他梦中桥梁结构的特点，并且从中得出有效的结论。换句话说，对待生活的普遍态度就是一切梦的基础。

一个年轻女子做了如下的梦：她梦见丈夫忘记了结婚纪念日，她为此而责备他。这个梦可能意味着几件事。如果梦里的事情确实发生了，那么它就代表这桩婚姻出了问题；妻子感觉自己被忽视了。但是她又解释说，梦里的自己也把结婚纪念日给忘了，不过最终还是**她**想了起来，而丈夫却是在她的提醒下才想起来的。她是两个人当中"较好的那一方"。对于进一步的问题她表示，实际上从来没有发生过这样的事情，她的丈夫总是记得结婚纪念日。因此，通过这个梦我们可以看出，她容易为未来焦虑，认为这样的事情**可能**会发生。进而我们可以得出结论，她喜欢捕风捉影，指责别人，还会因为**可能**发生的事情对丈夫唠叨。

然而，如果没有其他能够印证这个结论的证据，我们就不能妄下断言。当被问及最初的童年记忆时，她讲述了一件一直没有忘却的事。三岁那年，伯母送给她一个有雕刻装饰的木勺子作为礼物，这让她非常得意。但是有一次在玩耍的时候，她不小心把勺子掉进小溪里漂走了。她为此难过了好几天，以至于周围的每个人都很关心这件事。

这个梦可能会引导我们假设，现在她也许联想到婚姻也会从她身边飘走。如果丈夫**真的**把结婚纪念日忘了怎么办？

还有一次，她梦见丈夫领她走上一幢高楼，越往上走楼梯越陡。一想到可能爬得太高，她就感觉头晕目眩，内心焦虑，随即晕倒。在清醒状态下，人们可能也体验过类似的感觉，特别是你站在高处的时候会感到眩晕，这里对于深度的恐惧会比对高度的更加强烈。我们将第二个梦和第一个梦联系起来分析，这些梦的思想、感觉和内容留给我们一个清晰的印象：这个女人担心坠落，她害怕不幸或者灾难。我们能够想象，逐渐失去丈夫的宠爱或者类似的事情，都会是这样一场灾难。如果她和丈夫有一天关系破裂怎么办？如果他们的婚姻生活受到了干扰怎么办？这些情况都有可能发生，争吵也会出现，最终它们可能会以妻子失去意识的晕倒而结束。实际上，这在家庭争吵中曾经发生过一次！

现在，我们更接近梦的真实意义了。梦的思想和情感内容在何种材料中得到了表达，或者这种表达运用了何种手段都是无足轻重的，只要材料是有用的，并且确保了**某种**表达。在梦中，个体的生活问题以明喻的方式表现出来。就好像她说："不要爬得太高，免得摔得太重！"我们可以回想一下歌德《婚姻之歌》中梦的再现。一个骑士从乡下回来，发现他的城堡已经废弃。他累倒在床上，梦中看见床下走出了一些小矮人，他们正在举行婚礼。他为自己的梦感到愉快。就好像他想证明，他也有"需要找个女人"这样的想法。不久之后，他梦中的缩影就出现在了现实当中，他举行了自己的婚礼。

在这个梦中，我们发现了很多众所周知的东西。首先，它隐藏了诗人对自己婚姻的长久思虑。进一步我们可以看到，做梦的人在面临绝对需要的时候，是如何对自己当下的处境采取态度的。这种情况下他需要婚姻。他在梦中关切的是与结婚有关的问题，第二天他就决定，如果自己也结婚的话会更好。

现在，我们再来看看一个二十八岁男人的梦。梦中的运动就像发烧的温度曲线一样，从上升到下降不断变化，它非常清楚地指明了充满这个人生活的心理活动，从中产生追求权力和统治地位的倾向的自卑感很容易被辨识出来。他讲述了自己的梦境："我和一大群人进行一次短途旅行。

因为搭乘的船太小了，所以我们必须在一个小站下船，并在这个镇上过夜。晚上，有人说船快沉了，所有参加旅行的人都被叫起来操作水泵，防止船继续下沉。我想起行李中还有一些贵重物品，于是跑上船，其他人也都在那里干活儿。我想逃避这活儿，继续寻找寄放行李的地方。我从窗户伸手进去摸到了背包，与此同时，我看见背包旁有一把我非常喜欢的折叠刀。我把它放进包里。船越沉越深，在一个熟人的帮助下，我跳下了船。我们跳进大海，游回了岸边。因为码头太高，于是我们继续往前走，来到一个陡峭的悬崖前，我必须要从这里走下去。我从悬崖上滑了下去。自从离开船以后，我就没见过我的同伴。我越滑越快，担心自己性命难保。最后我抵达了底部，落在一个熟人面前。这是一个我叫不出名字的年轻人，他参加过罢工活动，平静地置身于罢工者之间，我们很合得来。一见面他就指责我，就好像他知道我把其他人丢在倾斜的船上一样。'你在这儿干什么？'他问。我想逃离这个四面都是悬崖峭壁的深渊，悬崖上垂下些绳子。可是它们太细了，我实在不敢用。每次尝试向上爬，我都会落回原处。最终我爬上了崖顶，但是我不知道自己是怎么到达那里的。我感觉自己好像是故意没有梦到这一过程，就好像急着想跳过这一段似的。在崖顶处有一条路，它靠近深渊的一侧被一道围栏保护了起来。有人从这里经过，友好地向我打招呼。"

如果了解这个做梦者的生活，我们便会马上得知，五岁之前他一直受到严重疾病的折磨，而且从那以后他经常生病。由于身体虚弱，他受到父母的精心照顾。他很少与其他孩子来往。当他想和成年人接触时，父母就会对他说，大人说话小孩不应该插嘴，孩子不属于成年人。因此，在很小的时候，他就找不到可以进行社交的对象，只和父母保持联系。这进一步引发的后果就是，他远远落后于同龄人，无法跟上他们的脚步。他们认为他很愚蠢，经常嘲笑他，对于这样的结果我们并不惊讶。这种情况反过来又阻碍他交到朋友。

因此，他的自卑感极度膨胀，达到了顶点。他所接受的教育完全来自好心却又非常暴躁的军人父亲和软弱、茫然、非常专横的母亲。虽然父母不断重申他们的初衷是好的，但他们对他的教育非常严格。在这一过程中，他的沮丧发挥了相当大的作用。在他童年最早的记忆中有一件非常重要的事情，当时他只有三岁，母亲罚他在豌豆上跪了半个小时。惩罚的原因是他不听话，对于这种不听话的起因母亲知道得很清楚，因为孩子曾经告诉过她。他害怕骑马的人，因此拒绝为母亲跑腿。事实上他很少挨打，只是一旦真正挨打，他们就会用鞭子抽他，而且让他必须在事后请求宽恕并且说出被打的原因。父亲说："作为孩子就应该知道，他到底错在哪里。"有一次他无故挨打，后来由于说不出被罚的原因，又被打了一顿，实际上一直打到他承认自己的行为不当为止。

他从小就对父母怀有敌意。他的自卑感非常强烈，以至于从未想过要比别人优越。他的学校生活就和家庭生活一样像一条连续的链条，上面挂满了大大小小的失败。在他看来，最小的成功机会都被剥夺了。直到十八岁，他在学校还总是遭到嘲笑。有一次，甚至连老师也笑话他，老师带着嘲弄的语气，大声向全班朗读他的一篇写得很糟糕的作文。

所有这些事情都迫使他越来越孤立，并且迟早他会心甘情愿地脱离这个世界。在与父母的斗争中，他偶然发现了一种非常有效但代价颇高的攻击手段。他拒绝开口说话，并以这种态度放弃了自己与外部世界最重要的联系。由于他不跟任何人讲话，所以他变得完全孤立了。他被人误解，不和任何人讲话，尤其是不和父母讲话；最后，再也没有人找他说话了。每一次尝试回归社会都会给他带来痛苦，后来他尝试建立的爱情关系也都一一失败，令他非常伤心。这就是他二十八年来的人生历程。他整个精神中充满着深深的自卑情结，因此产生了一种超越一切理性的野心，一种对重要性和优越感肆无忌惮的追求，这些不断地扭曲着他的社会感。他说话越少，他的心理生活就越充实，夜以继日梦想着各种胜利和成功。

就这样，有一天晚上他做了前面提到过的梦，通过这个梦，我们可以清晰地看到符合他心理生活发展的运动和模式。最后，让我们回顾一下西塞罗讲述过的一个梦，这也是文学作品中最著名的预言梦之一。

诗人西摩尼得斯在街上发现了一具身份不明的尸体，体面地安葬了他。当他准备出海旅行时，这位死者的鬼魂警告他，如果参加这次旅行就会遭遇海难。西摩尼得斯没有去，而所有前去的人都不幸身亡。[1]

据说数百年来，这一与梦有关的事件给所有人都留下了不同寻常的深刻印象。

1　参见恩尼·尼尔森：《几个世纪以来无法解释的问题》，由兰吉维斯·切-布兰特出版社出版。——原注

我们如果想要解释这一事件，必须坚持这样的观点：在当时，船只经常失事，而且由于这个原因，许多人在出海航行前夕都会梦到船只失事。在这些梦中，这个梦证实了梦与现实之间的一种特殊巧合，只不过太引人注目，以至于后人记忆犹新。那些倾向于找出神秘关系的人很可能尤其偏爱这样的故事，而我们要冷静而清醒地对这个梦进行解释：这位诗人对于这次旅行可能从来没有表现出任何强烈的期盼，因为他非常在意自己的身体健康；随着做出决定的时间临近，他很难为自己的犹豫不决找到正当理由。因此，他就让这具需要对他体面安葬自己表达感激的尸体以预言者的角色出现。那么他没有去旅行的原因也就显而易见了。如果这艘船没有沉没，那么全世界很可能永远也不会知道这个梦的故事。因为我们只会感受到那些使大脑陷入不安的事情，它们向我们证明了，天地之间有着我们难以想象的智慧。我们可以理解梦的预言属性，只要我们知道梦和现实包含着个体对生活的相同态度。

　　我们必须考虑的另一个事实是，所有的梦都不是那么容易被理解的；事实上能被理解的梦只占极少数。在梦留下它独特的印象之后，我们就会立刻将它忘记。除非精通解梦，否则我们无法理解它背后的含义是什么。然而，这些梦不过是个体活动和行为模式的象征性和隐喻性的反映。明喻或对照的主要意义在于，它使我们能够进入一种渴望找到自我的情境之中。如果我们忙于解决某个问题，如果我们的人格指向某个特定方向，那么我们只需要寻求一种有活力的推动来促使我们进入其中。梦非常适合于强化某种情绪，或者产生解决特定问题所必需的动力。做梦的人不理解这种关系并不会改变任何事。只要他以某种方式找到了材料和推动力就足够了；梦本身会表明做梦者的思维过程自我表达的方式，因为它会显示出他的行为模式。梦就像一股烟，表明某个地方正在燃烧着一团火。有经验的樵夫懂得观察烟，并判断出燃烧的是哪种树木，就像精神病医生通过解释梦境可以得出关于人性的结论一样。

综上所述，我们可以说，梦不仅表明做梦者正忙于解决他生活中的问题，而且还包括他处理这些问题的方式。尤其是，影响做梦者和世界与现实关系的两个因素——社会感和对权力的追求，都会在梦中表现出来。

Ⅵ　天赋

在能使我们评判个体的心理现象中，还有一个与智力有关的因素尚未被考察。我们不会重视个体自己所说或者所想的内容。我们相信，每个人都能以某种方式误入歧途，每个人都觉得自己有必要通过各种复杂的利己主义、道德或者其他技巧来修饰自己的心理形象。但是，我们可以做的是，从特定的思维过程和言语表达中得出某些结论，即使这只是在一定程度上才是可能的。我们如果想正确评判某个人，就不得不考察他的思想和语言。

我们称之为天赋的东西，就是一种做出判断的特殊能力，它一直是众多观察、分析和测试的对象，其中众所周知的就是针对儿童和成人的智力测试。这就是所谓的天赋测试。到目前为止，这些测试都不怎么成功。每当一群学生接受测试，就算老师不用测试也可以轻松确定这些测试得到的结果。起初，尽管这些测试显而易见在某种程度上颇为多余，但是实验心理学家对此仍然非常自豪。另一种反对智力测试的意见是，由于儿童思维判断的过程和能力不是有规律地发展的，许多在测试中表现不佳的孩子，几年之后会突然呈现出异常良好的发展和天赋。还有一个必须考虑的因素是，由于来自大城市以及某些社会阶层的孩子眼界更开阔，所以他们对测试准备得更好。他们看起来更高的智力是具有欺骗性的，并让其他没有充分准备的孩子显得不那么出众。众所周知，富裕家庭中八到十岁的孩子比同龄的穷孩子要聪明得多。这并不意味着富人的子女天赋更高，造成这种差异的原因完全在于他们的生活环境。

到目前为止，我们在天赋测试方面还没有取得太大的成就，当我们想到柏林和汉堡的测试所得出的令人遗憾的结果，这点就非常明显了。在那些测试中展现出卓越天赋的孩子，大部分都在随后的教育中表现得很糟糕。这一现象似乎证明，我们无法根据心理测试的结果来保证儿童未来的健康发展。相比之下，个体心理学的实验更经得住考验，因为它们并没有指向特定的发展程度，而是试图进一步理解这种发展背后潜在的积极因素。必要的时候，这类观察会给予孩子适当的矫正方法。个体心理学的原则是，永远不要把孩子的思想和判断能力从他心灵生活的结构中分离出来，而要将它们与其他心理过程联系在一起。

游戏不应该被看作是父母或者教育者随心所欲的想法，而应该被视作教育的辅助手段，是对孩子精神、幻想和生存技巧的促进。

唤醒注意力的最重要的因素是对世界强烈的兴趣。兴趣所在的心理层面比专注力更深。如果有兴趣，那么我们自然就会集中注意力；只要兴趣存在，教育者就不需要担忧注意力的问题了。

过失犯罪是注意力不集中程度最高的一种表现。这种注意力缺陷是由对同胞缺乏关心而造成的。

如果我们把做梦作为一种接近和了解人类心灵的方法，那么就不应该站在那些在梦及其解释中寻求奇幻和超自然影响的研究者的角度来看待这个问题。只有能够通过其他深层次的观察来证明和加强自己的主张时，我们才会依赖梦的证据。

永远不要把孩子的思想和判断能力从他心灵生活的结构中分离出来，而要将它们与其他心理过程联系在一起。

第七章　性别

▌ 女性低劣的谬论及其必然结果——男性的优越感——不断扰乱两性关系的和谐。

I　两性与劳动分工

从之前的考察中我们已经了解到，两种重要倾向控制着一切心理现象。它们分别是社会感和个体对权力与统治地位的追求，它们影响着所有人类活动，影响着每个个体在追求安全感和完成生活三大挑战（即爱、工作和社会）的过程中的态度。我们如果想要了解人类心灵，就必须在判断心灵现象时，习惯于去研究这两个因素的定量和定性关系。它们相互之间的关系会影响人们理解公共生活逻辑的程度，从而影响人们服从公共生活的需要中产生的劳动分工的程度。

劳动分工是维持人类社会的一个不容忽视的因素。在某个时间或者某个地点，每个人都必须各尽所能。不愿承担自己的责任、否认公共生活价值的人就成了反社会的人，放弃了自己在人类群体中的伙伴关系。属于这类的简单例子有我们所说的利己主义、恶作剧、自我中心和讨人厌者。更加复杂的情况有怪人、无业游民和罪犯。公众对这些特质和特征的谴责源于对其根源的认识，以及对其与社会生活需求格格不入的直觉。因此，一个人的价值取决于他对待同胞的态度，以及参与公共生活所必要的分工的程度。他对这种公共生活的肯定使得他对于别人来说很重要，使得他成为连接社会的巨大链条中的一环，而且这一链条如果被干扰，就必然扰乱了人类社会。一个人的能力决定了他在整个人类社会生产中的地位。许多混乱的局面让这个简单的事实变得难以理解，因为对权力的追求和对统治地位的渴望已经把错误的价值观引入到了正常的劳动分工中。这种追求统治地位的做法已经扰乱并阻碍了总体生产，还给我们的价值判断打下了错误的基础。

个体通过拒绝适应他们必须胜任的职位，从而扰乱这种分工。此外，由于个体错误的野心和对权力的渴望，他们为了自己的利益而阻碍公共生活和工作，从中就产生了各种困难。同样，社会存在的阶层差异也导致了纠葛。由于为某些阶层的个体（即手中权力更大的人）保留了更好的职位，而将其他阶层的个体排除在外，所以个人权力或者经济利益也会影响劳动分工。在认识了社会结构中诸多因素后，我们便能够理解劳动分工从未顺利进行下去的原因。不断扰乱劳动分工的力量为其中一方创造了特权，而将另一方变成了奴隶。

人类的两种性别决定了另一种分工。由于生理特点，女性被排除在某些特定活动之外，而另一方面，由于男性能够更好地从事其他工作，所以有些劳动是不分配给男性的。这种劳动分工应该根据一种毫无偏见的标准来开展，所有的妇女解放运动只要在冲突最激烈的阶段没有超出合乎逻辑的视点，就已经接受了这一观点的逻辑。分工不但不会剥夺女性气质，也不会扰乱男女之间的自然关系。每个人都获得了最适合自己的劳动机会。在人类发展的过程中，这种劳动分工已经自然形成，所以女性已经接管了一部分工作（否则这部分工作可能也需要男性来做），作为回报，男性就要利用自己的权力来发挥更大的作用。只要在工作中没有滥用权力，而且身体和心灵的力量没有被引向坏的结果，我们就不能认为这种分工毫无意义。

Ⅱ 男性在当今文化中的主导地位

由于文化的发展以个人权力为导向，特别是某些个体和某些社会阶层努力为自己争取特权，这种劳动分工已经沦为扭曲我们整个文明的典型渠道。因此，人们非常强调男性在当今文化中的重要性。劳动分工使得男性这一特权群体可以确保具有一定的优势，这也是他们在劳动分工中凌驾于女性之上的结果。因此，占据统治地位的男性取得优势，自始至终引导女性的活动，这让男性的生活更加轻松愉快，他们想要避开的活动可以分配给女性。

现在的情况是，男性一直在试图支配女性，而女性则对男性的统治地位不满。由于两性之间如此紧密地联系在一起，人们很容易想到这种持续的紧张会导致心理上的不和谐和生理上的极度紊乱，这对双方而言都必然是非常痛苦的。

我们的一切制度、传统、法律、道德还有习俗都是由享有特权的男性为了保持自身的统治地位而制定和维护的。这些制度甚至蔓延到了幼儿室，极大地影响了孩子的心灵。虽然孩子不需要对这些关系有太多理解，但是我们必须承认，他的情感生活受到了很大的影响。这种态度很容易被观察到，例如，我们看到有的男孩对于穿女孩衣服的要求大发脾气。一旦男孩对权力的渴望达到一定程度，他就会表现出对作为男性这一特权的偏好，他意识到这保证了他在任何地方的优越性。我们提到过这样一个事实：现在，我们的家庭教育被规划得过于重视追求权力的价值。随之而来的自然是维持和夸大男性特权的倾向，因为父亲通常是家庭权力的象征。比起一直出现在身边的母亲，他的神秘行踪往往会引起孩子的兴趣。孩子很快就认识到父亲这一重要角色，并注意到他如何调整家庭的步调，做好一切安排，并在任何地方都以家庭领导者的身份出现。孩子看到别人是如何服从他的命令，母亲是如何向他征求意见的。不管从哪个角度看，父亲似乎都是一个强大的人。对于有的孩子来说，父亲就是行为准则，他所说的一切都是圣旨；他们用父亲曾经说过的话来捍卫自己的观点。即使在父亲的影响似乎不太明显的情况下，孩子们也会认为父亲占据统治的地位，因为整个家庭的负担似乎都落在他的身上，然而事实上，这只不过是劳动分工使得父亲在家庭中利用他的权力获得了更大的优势。

　　就历史起源而言，我们必须注意的是，男性占据统治地位并非理所当然。男人的统治地位需要大量法规从法律上来保证自身就表明了这一点。这也表明，在男性统治下的法律实施之前，肯定还存在其他时期，当时男性特权几乎没有那么确定。历史事实证明，那样的时期就存在于母系时代，母亲和女性在生活中扮演重要的角色，特别是对孩子而言。那时，家族中的每个男人都必须尊重母亲的光荣地位。这种古老的制度仍然影响着某些习俗和惯例，例如，将所有陌生男人介绍给孩子时都称之为"叔叔"或者"表哥"。在母权制转变为男性统治之前，注定免不了一场可怕的战斗。那些认为自己的特权是与生俱来的男人会惊讶地发现，他们并不是从一开始就拥有这些特权，而是通过斗争获得的。[1] 男人的胜利伴随着女人的屈服，尤其是作为证据的法律发展见证了这一长期的奴役过程。

男性的统治地位不是与生俱来的。有证据表明，这主要是原始人之间不断斗争的结果，在这一过程中，男性战士发挥了更为突出的作用，最终利用新赢得的优势为自己和自身的目的保住了领导地位。伴随着这种发展变化出现的就是财产权和继承权，由于男性通常是财产的获得者和所有者，它们成为了男性统治的基础。

1　奥古斯特·倍倍尔的《妇女与社会主义》，马蒂亚斯和马蒂尔德·韦尔廷的《主导性别》中都有对这种演变过程的详细描述。——原注

然而，成长中的孩子不需要阅读关于这类主题的书。尽管他对这些考古资料一无所知，但是他看得出男性是家庭中拥有特权的成员。即使一些目光长远的父母有意忽视我们从古代继承下来的特权，赞成更大程度的平等，这种情况也会发生。对于孩子来说，很难明白从事家务的母亲和父亲一样重要。

　　试想一下，这对从小就看到到处盛行的男性特权的男孩来说意味着什么。从他出生那天起，他受到的赞誉就多过女孩。众所周知，父母更想要男孩，这种现象太普遍了。男孩在成长的每一个阶段都会感觉到，作为酷似父亲的儿子，他拥有一定的特权和更大的社会价值。别人不经意地对他说的话或是他偶然想起的话都在不断地提醒他，男性角色更重要。

　　在男性看来，他们的统治地位也体现在雇用女仆干家中粗活儿的习惯上，而由于他周围的女性根本不相信自己与男性平等，他的这种想法更加强化了。所有女性在结婚之前都应该问未来丈夫一个首要的问题："你对男性统治的态度是什么，尤其是在家庭生活中？"然而，他们通常不会回答。有时我们会看到有人表现出争取平等的态度，而有的时候我们又会看到不同程度的顺从。相比之下，我们发现，父亲从小就坚信，作为一个男人，他具有更重要的价值。他将这种信念解释为一种隐含的责任，并且只关心自己如何应对有利于男性特权的生活和社会的挑战。

孩子经历了从这种关系中产生的每一种情况。从中他会得到关于女性本质的一些印象，其中大部分都表明女性是卑微而可怜的。这样一来，男孩的成长发育就具有了明显的男性气质的色彩。他认为，在追求权力的过程中，只有阳刚的品质和态度才是有价值的目标。典型的男性品德是从这些权力关系中产生的，这无疑向我们揭示了它的起源。一些性格特征被视为男性化的，而另一些则是女性化的，尽管没有任何根据来证明这种分类是正确的。如果比较男孩和女孩的心理状态，我们似乎可以找到支持这种分类的证据，我们不去处理自然现象，而是描述那些被引导到特定渠道的个体表达，他们的生活方式和行为模式已经被特定的权力观念限制了。这些权力观念以强大的力量向他们指出了他们必须寻求的发展方向。没有正当理由去区分"男性化"和"女性化"的性格特征。我们会看到这两种特征如何被用来实现对权力的追求。换句话说，我们可以用所谓的"女性"特征（例如，顺从和屈服）来表现权力。听话孩子的优势在于，有时他会比不听话的孩子更能引起人们的注意，尽管他们都在争取权力。因为权力追求总以最复杂的方式表现出来，所以我们对心理生活的了解常常变得更加困难。

当男孩长大以后，他的男子气概就变成一项重要的责任，他的野心以及他对权力和优越感的渴望无疑会和保持男子气概的责任联系在一起。对于许多渴望权力的孩子来说，仅仅意识到自己的男子气概是不够的；他们必须证明自己是男人，因此他们必须拥有特权。一方面，他们通过努力出人头地来实现这一目标；另一方面，他们会用各种可能的方式来压制周遭的女性而获得成功。他们会根据所遇到的抵抗程度，利用顽固和野蛮的暴行或者诡计来达到目的。

既然每个人都是根据享有特权的男性标准来被衡量的，人们总是把这个标准摆在男孩面前也就不奇怪了。最终，他会根据这个标准来衡量自己，观察并询问自己的行为是否足够"男性化"，他是否算得上是一个"真正的男人"。如今，我们所认为的"男性化"已经成为一种共识。最重要的是，它是一种纯粹的利己主义，用来满足自恋，给人以优越感和凌驾于他人之上的支配感，所有这些都披上了看似"积极"的外衣，例如勇气，力量，责任，赢得各种形式的胜利（特别是胜过女性），获得职位、荣誉、头衔，以及对于所谓"女性化"倾向的强烈反对等。追求个人优越感的斗争是持续不断的，因为它被当作一种要占据统治地位的"男性化"美德。

通过这种方式，每个男孩都具有他在成年男性（尤其是自己的父亲）身上看到的特征。我们可以在社会最多样的表现中发现这种人为助长的夸大妄想的后果。当男孩很小的时候，他就被要求去保护自己取得的权力和特权。这就是所谓的"男子气概"。在糟糕的情况下，它会退化为众所周知的粗鲁和野蛮。

在这种情况下，作为男性的好处是非常具有诱惑力的。因此，当我们看到许多女孩将男性气质视为无法实现的理想或者作为判断自身行为的标准时，我们一定不会感到惊讶。这种理想可能表现为一种行为和外表的模式。在我们的文化中，似乎每个女人都想成为男人！我们会在这一类型中看到许多女孩，尤其是渴望在游戏和活动中脱颖而出的女孩（由于体格上的差异，这些游戏和活动往往更适合男孩）。她们见树就爬，只和男孩玩，回避所有"女性化"的活动，把它们当作是可耻的事情。她们只能在男性的活动中获得满足。当我们知道，追求优越感更关心的是事物的象征意义而不是生命活动本身时，就可以理解所有这些现象都是出于对男子气概的偏爱。

Ⅲ　所谓的女性低劣

男人习惯于坚称自己的地位不仅是与生俱来的，还是由女性的低劣造成的，以此来为自己的统治地位进行辩解。这种女性低劣的观念非常普遍，似乎在所有种族中都存在。与这种偏见相关联的是男性的某种不安，这种不安很可能源自反对母权制的战争时期，当时女性就是他们真正焦虑的根源。我们经常会在文学和历史中发现这种迹象。某位拉丁作家写过"Mulier est hominis confusio"，意思是"女性使男性混乱"。在神学鉴定中，人们经常争论的问题是女人是否具有灵魂，并且有些学术性论文就是围绕女人是否算是真正的人的问题来写的。长达几个世纪的对女巫的迫害和焚烧就是对那个被欣然忘却的时代中关于这个问题的各种错误、巨大的不确定性和困惑的可悲见证。

女人常常被认为是万恶之源，就像《圣经》中原罪的概念，或者像荷马的《伊利亚特》中描述的那样。海伦的故事表明，一个女人是如何使整个民族陷入不幸的。古往今来的传说和童话中都能找到女性的道德低劣、邪恶、虚伪、背叛和变化无常。"女性的愚蠢"甚至在法律诉讼中被用作论据。女性的才干、勤奋和能力也随着这些偏见而被淡化。在各个民族的文学作品中，修辞、轶事、格言和笑话里都充满了有辱女性人格的批评。女性会因其恶毒、小气和愚蠢之类的特质而遭到指责。

有时，为了证明女性的低劣，还会出现异常尖锐的声音。一些男性，例如斯特林堡、默比乌斯、叔本华和魏宁格等就支持这一观点。大量女性的顺从使得越来越多的男性赞同女性的低劣。他们是女性顺从的拥护者。无论女性的工作是否具有同等的价值，她们的工资都低于男性，这进一步表明女性和女性劳动地位的降格。

事实上，对比智力和天赋测试的结果就会发现，对于特定的科目（例如数学），男孩表现出更多的天赋，而女孩在其他科目（例如语言）上显得更有天分。实际上，男孩在学习方面确实比女孩表现出更大的天赋，能够为他们的男性职业做好准备，但这只是表面上的。我们如果更仔细地研究女孩的情况，就会发现，女性能力较弱的说法纯属无稽之谈。

女孩每天都要饱受这样的非议，即女孩比男孩的能力差，只适合做不重要的事情。因此也就不必奇怪，女孩坚信女人的命运是万分痛苦却又不可改变的，而且由于童年缺乏教育，她迟早会真的认定自己的无能。女孩因此感到泄气，如果有机会接触"男性化"的职业，她就会得出必然的结论，即她没有必要对它们产生兴趣。即便拥有这样的兴趣，她也很快就会丢弃它，因此，她失去了外在和内在的准备。

这种情况似乎恰好证明女性就是无能的。这种情况的产生有两个原因。首先，对人的价值的判断往往基于纯粹的商业立场，或者片面和纯粹的利己主义，这一事实使得这个错误更加突出。有了这样的偏见，我们很难理解表现和能力在多大程度上与心理发展是一致的。这又引出了第二个主要因素，正是因为它的存在才产生了女性能力较弱的谬论。我们经常忽略这样一个事实：女孩自打降临到这个世界，耳边就充斥着一种偏见，它会剥夺她对自我价值的信仰，粉碎她的自信，摧毁她做任何有价值的事情的希望。如果这种偏见不断被强化，如果女孩一次又一次地看到女性是如何被赋予卑微的角色，那么就不难理解她为何失去勇气，逃避自己的义务，在生活中遇到问题就选择退缩。这样她就真的变得既软弱又无能！然而，如果我们接近一个人，在他与社会的关系方面破坏他的自尊，使他放弃所有成就的希望，摧毁他的勇气，然后发现他确实没有实现任何成就，那么我们就不敢坚称自己是对的，因为我们必须承认，他所有的不幸都是我们造成的！

在我们的文明中，女孩很容易失去勇气和自信，但实际上，某些智力测试证明了一个有趣的事实：一组特定的年龄在十四至十八岁之间的女孩表现出了比其他所有群体（包括男孩）更加出众的天赋和能力。进一步的研究表明，这些女孩的母亲，要么是家中唯一养家糊口的人，要么至少在很大程度上支撑着家庭的生活。这意味着，这些女孩所处的家庭环境几乎没有或者很少有认为女性能力较弱的偏见。她们目睹了母亲的勤奋是如何得到回报的，因此她们的成长更加自由也更加独立，完全不受那些与认为女性能力较弱的信念密切相关的抑制作用的影响。

反对这种偏见的进一步论据是，在各种领域，特别是文学、艺术、工艺和医学领域等，取得成就的女性数量不容小觑，她们成就的价值如此显著，完全能够与同领域中男性取得的成果相媲美。另外，还有相当一部分男人，不仅没有取得任何成就，而且十分无能，所以我们很容易找到同样的证据（当然是虚假的）证明男性是劣等的性别。

女性低劣的偏见所带来的痛苦后果之一就是根据一种

图式对概念做出清晰的划分和分类，因此，"男性化"意味着有价值、强大、战无不胜、有能力，而"女性化"则意味着服从、奴役、从属。这种观念深深植根于人类的思考过程中，以至于在我们的文明中，一切值得称赞的东西都带有一种"男性化"的色彩，而没有价值或者实际上带有贬低意味的东西都被认为是"女性化"的。我们都知道，如果用女性化来评价男性，那么对他们来说应该算得上是最严重的侮辱了，而如果我们对女孩说她很有男子气概，则丝毫没有侮辱的意思。从人们说话的重音上我们可以发现，一切令人联想到女性的事物都显得低下。

性格特征似乎证明了这种关于女性低劣的谬误观点，其实在更仔细的观察中，我们发现这些特征不过是心理发展受到抑制的表现。我们并不认为我们能将每一个孩子培养成所谓"有才华"的人，但是我们总能把他培养成一个"没有才华"的成年人。所幸的是，我们从来没有这样做过。然而我们十分清楚，有人成功了。在我们这个时代，这样的命运往往更多降临到女孩头上而不是男孩，这很容易理解。我们经常有机会看到原本"没有才华"的孩子突然变得才华横溢，甚至可能有人会说这是个奇迹！

Ⅳ 摆脱女性角色

做男人的明显优势已经严重干扰了女性的心理发展，因此对女性角色的不满几乎是普遍存在的。就和那些由于自身发展的处境而拥有强烈自卑感的人一样，女性的心理生活也走上了类似的发展方向，受到许多相同规则的支配。声言女性低劣的偏见意味着另一个更加严重的难题。如果有相当多的女孩找到了某种补偿方法，那么她们会将这归功于她们的性格发展和智力，有时候还会归功于某些已获得的特权。这仅仅表明了一个错误是如何引起其他错误的。这些特权只是特殊的照顾、免除义务和奢侈品，它们给人一种优势的假象，装作对女性怀有高度的尊重。其中可能存在某种程度的理想主义，但是这种理想主义最终总是由男性塑造且有利于男性的。乔治·桑曾经非常清楚地描述道："女性的美德是男性的一项绝妙发明。"

一般来说，在反抗女性角色的斗争中，我们可以划分出两种类型的女性。其中一种我们已经提到过：积极朝着"男性化"方向发展的女孩。她们精力十足，野心勃勃，不断地为人生目标而努力。她试图超越自己的兄弟和男性伙伴，喜欢选择往往被视为男性特权的活动，对体育运动之类的活动很感兴趣。她经常逃避一切爱情和婚姻的关系。

如果进入这样的关系，她可能会因为努力超越丈夫而破坏他们之间的和谐！她可能极其不情愿做任何家务事。她也许会直接表示自己不愿意做，或者间接地拒绝承担任何家庭职责，并不断地证明自己从来不具备做家务的才能。

这类女性试图用"男性化"的回应来弥补男性态度给她们带来的后果。对女性角色的防御态度是她生存的基础。她被叫作"假小子""女汉子""男人婆"等等。然而，这些叫法基于一个错误的概念。很多人认为，这些女孩身上存在先天因素，也就是某种促成"男性气质"的物质或者分泌物造成了她们"男性化"的态度。然而，整个文明史告诉我们，施加在女性身上的压力和她们如今必须服从的约束是任何人都不能承受的；它们总会引起反抗。如果这种反抗表现为朝着"男性化"的方向发展，那么原因很简单，因为只有**两种**可能的性别角色。我们必须根据两种模式之一来定位自己，要么是一个理想的女性，要么是一个理想的男性。因此，抛弃女性角色就只能表现为"男性化"，反之亦然。这不是由某种神秘的分泌物所决定的，而是因为在给定的情况下，没有别的选择。我们绝不能忽视女孩的心理发展所面临的困难。我们如果无法保证女性与男性绝对平等，就不能要求她与生活、与我们的文明和社会生活的形式完全和解。

第二种类型的女性一生都保持顺从的态度，她们表现出的是令人难以置信的适应、服从和谦逊。她似乎从各个方面调整自己，在哪里都能扎根，但是表现得非常笨拙和无助，以至于什么都做不好！她可能会出现神经方面的症状，这使她变得虚弱，从而让她获得他人的体谅和照顾；她也因此清楚地表明她所接受的训练、她错误的生活方式是如何经常伴随着神经疾病，使得自己完全不适应社会生活。她属于世界上最优秀的那一类人，然而不幸的是，她病了，不能以任何令人满意的方式应对生存的挑战。无论何时她都不能令周围的人满意。和第一种类型的女性一样，她的顺从、谦逊和自我压抑也是一种反抗，这种反抗清楚地表明："这不是幸福的生活！"

还有第三种类型的女性，她们不去捍卫自己的女性角色，却痛苦地意识到自己注定是一个低等的人，要在生活中扮演一个从属的角色。她对女性的低劣深信不疑，正如她坚信只有男性才能在生活中做出有价值的事一样。因此，她赞同男性的特权地位。于是，她也站到了男性的一边，赞扬男性是实干者和成功者，并强烈要求给予他们特殊的地位。她表现出了软弱的情感，就像她想要获得承认一样清楚，并为此要求更多的安慰。然而，这种态度其实是准备长期反抗的开端。她会轻松地用流行的口号，大意是"只有男人才能做这些事！"来进行反击，为的是把婚姻的责任推卸到丈夫身上。

女性虽然被当作一种低等的人，却承担了大部分的教育重任。现在，让我们看看这三种类型的女性是如何完成重要而又艰难的教育任务的。此时，我们可以更为清楚地区分她们。第一类女性，采取"男性化"态度，专横霸道，热衷于惩罚，于是会给孩子施加巨大的压力，当然，这些孩子会试图逃避。当这种类型的教育产生效果时，最好的可能结果就是某种毫无价值的军事训练。孩子们通常认为这样的母亲是糟糕的教育者。大喊大叫或大惊小怪总会产生不好的影响，从中产生出这样的危险：女孩可能被怂恿去模仿她们，而男孩则在整个余生都陷入恐惧。在受到这类母亲控制长大的男人中，我们发现，许多人会尽可能地避开女性，就好像痛苦在他们心中扎了根，让他们无法对女性产生任何信任。由此导致的后果是两性之间明确的界限和分离，我们很容易理解这一病态，尽管一些研究者仍然认为，"这是男性和女性成分的错误分配"。

其他类型的女性作为教育者也是一样徒劳无功。她们总是太过多疑，以至于孩子很快就会发现她们缺乏自信，并且超越她们。在这种情况下，母亲再次施展唠叨和责骂，还威胁说要告诉父亲。事实上，求助于男性就已经表明她知道自己的教育活动失败了。她放弃了作为一线教育者的身份，好像她的责任就是要证明她的观点：只有男人才有能力，因此教育孩子不能离开男性！这样的女性可能会草草地逃避一切教育职责，将责任推给丈夫和家庭教师，她们不会感到内疚，因为她们觉得自己没有能力成功。

对于女性角色表现出更为明显不满的是那些因为所谓"更崇高"的理由而逃离生活的女孩。修女或者追求必须独身的工作的那些人就是很好的例子。她们以这种姿态清楚地表明自己与女性角色无法和解。同样的，许多女孩在很小的时候就开始经商，因为自力更生似乎是她们保护自己避免必然来临的婚姻的方式。产生这样的动力的根源也是对承担女性角色的厌恶。

那么，对于已婚的女人，我们可以认为她们是自愿承担女性角色的吗？我们知道，结婚并不代表女孩已经与自己的女性角色和解。下面这位三十六岁的女人的例子就很典型。她向医生诉说自己患上了各种神经疾病。她是家里孩子的老大，父亲是个上了年纪的男人，母亲是个专横的女人。事实上，她的母亲在如花似玉的年纪嫁给了一个老头，从中我们猜测，对于女性角色的厌恶在她父母的婚姻中起了一定的作用。他们的婚姻并不幸福。母亲常常大吼大叫，总是不惜一切代价地满足自己的意愿，完全不顾别人的心情。年迈的父亲总是被迫待在角落里。女儿说，母亲甚至不让父亲躺在沙发上休息。母亲的所作所为就是为了维护她认为应该执行的某些"治家原则"。那是家庭的绝对法则。

我们的患者是一个非常能干的孩子，父亲十分宠爱她。母亲却对她从来都不满意，并且总是和她对立。后来，在母亲又生下一个男孩并且对他疼爱有加时，母女的关系变得令人无法忍受。小女孩意识到父亲会站在她这一边。不管在其他事情上多么谦让和腼腆，只要女儿的利益受到威胁，父亲都会为她打抱不平。于是，她对母亲越发地憎恨。

在这场难以平息的冲突中，母亲的洁癖成为女儿最喜欢的攻击点。母亲在清扫方面非常吹毛求疵，她甚至不允许女仆在摸过门把手之后不将它擦干净。于是，女孩就把这当成是一种特别的乐趣，尽可能浑身脏兮兮、衣衫不整地走来走去，只要有机会，她就把房子弄脏。

她的性格与母亲对她的期望完全相反。这个事实清楚地证明性格与遗传没有关系。如果孩子只形成了令母亲怒不可遏的性格，那么在其背后一定存在一个有意识或者无意识的计划。母女之间的仇恨一直持续到今天，甚至无法想象更为糟糕的情况。

女孩八岁的时候，家里的情况是这样的：父亲永远站在她的一边；母亲总是满脸的不快，说着尖刻的话语，强制执行自己的"规则"，并且责备女孩。这个女孩感到愤愤不平，她反唇相讥，用一种非同寻常的讽刺破坏母亲的活动。另一个复杂的因素是她弟弟的瓣膜性心脏病，弟弟是母亲最喜欢的孩子，娇生惯养，凭借疾病将母亲的注意力几乎全部集中到自己身上。我们可以观察到父母不断阻挠孩子的行为。就这样，女孩长大了。

后来，她突然患上一种无法解释的神经性疾病。她被反抗母亲的邪恶念头所折磨，结果发现自己在任何活动中都受到了阻碍。最后，她突然投身于宗教活动，然而依旧无功而返。过了一段时间，这些邪恶的念头消失了。虽然这要归功于某种药物的作用，但更有可能是因为她的母亲被迫采取了防御措施。但是，这留下了后遗症：她非常惧怕打雷和闪电。

女孩相信，之所以打雷闪电就是因为她心存恶意，总有一天她会因为自己邪恶的想法而死去。我们可以看到，她此时正在试图摆脱对母亲的仇恨。这个孩子渐渐长大了，似乎有一个光明的未来在等待着她。有一位老师曾经说过："这个女孩可以做任何她想做的事！"这句话对她的影响很大。话本身并不重要，但是对于这个女孩来说，它就意味着"只要愿意，我就可以做到一些事情"。认识到这一点，随之而来的就是她与母亲更加激烈的斗争。

青春期到来之后，她成长为一位年轻美丽的女子，到了适婚的年龄，有许多人追求她。然而，由于言语刻薄，所以她根本无法开始一段感情。她觉得自己只喜欢一个住在她家附近的年长的人，大家都担心有朝一日她会嫁给他。但是过了一段时间，这个男人搬走了，女孩一直独身，直到她二十六岁都没有一个追求者。在她的社交圈子里，这是非常引人注目的，没有人能解释其中的原因，因为没有人了解她的过去。在她从小就与母亲进行的激烈斗争中，她变得令人难以忍受地爱争吵。斗争就是她的胜利。母亲的所作所为常常激怒她，使她寻求新的胜利。她最大的快乐莫过于激烈的争吵；在这一点上她表现出了虚荣心。同样，她也表现出了"男性化"的态度，因为她只想在能够征服对手的前提下进行这样的争论。

二十六岁那年，她结识了一个非常体面的男人，他没有被她好斗的性格所吓倒，还非常诚恳地追求她。他的态度非常谦逊和顺从。亲戚们都让她嫁给这个男人，在这样的压力下，她不得不再三解释说，他令她感到非常不愉快，所以她不想和他结婚。在我们了解她的性格之后，这并不难理解，然而经过两年的抵抗，她最终还是接受了他，深信她已经把他变成了自己的奴隶，可以随心所欲地对待这个人。她曾暗自希望能把他变成父亲的翻版，只要她愿意，他就会向她屈服。

　　很快，她就知道自己犯了一个错误。结婚后没几天，她的丈夫就坐在房间里抽着烟斗，舒舒服服地读着报纸。早上，他出门去上班，然后准时回家吃饭，如果饭菜还没做好，他就会有怨言。他想要的是清洁、关爱和守时，以及她不愿意去满足的各种不合理的要求。这段关系与她和父亲之间的经历相去甚远。她的幻想破灭了。她的要求越多，丈夫就越发不同意她的愿望，反而向她指明她的家庭角色，结果她就更少做家务。每天她都不失时机地提醒他，他没有权利提出这些要求，因为她已经明确地告诉过他，她不喜欢他。但是，这对他毫无影响。他继续无情地提出要求，使得她预感到自己未来的生活将会非常不愉快。过去在一种忘我的陶醉之下，这个正直尽责的男人向她求爱，然而一旦拥有她，这份陶醉就消失了。

在她成为母亲后，他们之间的紧张关系似乎仍然没有得到任何缓解。她被迫承担了新的职责。与此同时，她与自己母亲的关系也变得雪上加霜，母亲总是积极地为女婿打抱不平。她在家里不断地引发激烈的战争，难怪丈夫偶尔会粗暴无礼，丝毫不体谅她，而有时她的抱怨也是不无道理的。丈夫的行为是她变得难以接近的直接后果，而她难以接近又是她与女性角色之间缺乏和解的结果。她原以为自己可以永远做一个女王，悠闲地生活，周围都是帮助她实现愿望的奴隶。只有在这样的环境下，她才有可能好好活下去。

她现在能做什么？是和丈夫离婚，然后回到母亲身边，宣告自己的失败吗？她没有能力独立生活，因为她从来没有为此做好准备。离婚是对她自尊心和虚荣心的一种侮辱。生活对她来说是痛苦的：一方面，丈夫指责她，另一方面，母亲又不断严厉地宣扬着整洁与有序。

突然，她也变得讲卫生和守秩序了！她整天都在清洗、擦拭、打扫。看起来她好像终于顿悟，接受了母亲多年来一直在她耳边灌输的教诲。起初，看到这个年轻女人清理和打扫书桌、橱柜和壁橱，母亲肯定非常高兴，丈夫对于这一突然变化一定也十分满意。但是，后来这些事做得有些过了头。她花了很长时间洗洗涮涮，直到房间一尘不染，她对清洁的热情过了头，觉得任何人都会破坏她的劳动成果；反过来，她的热情也干扰到了其他所有人。如果有人摸了她洗过的东西，她就会再洗一次，而且只有她自己去洗才行。

这种具体表现为不断清洗和打扫的疾病在这些女性身上是很常见的：她们通常仇视自身的女性角色，并试图以这种方式展现清扫的美德来抬高自己，使自己比那些不那么经常清洗自身的人更优越。不知不觉地，所有付出都只是为了破坏整个家庭。很少有哪个家庭比这个女人的家庭更加混乱。她的目的不是清洁，而是让全家人都感到不舒适。

我们可以断定，在很多情况下与女性角色的和解只是**表面**上如此。我们的患者没有女性朋友，无法与任何人和睦相处，也不懂得如何体谅别人，这与我们对她生活模式的预期非常吻合。

将来我们有必要推行更好的教育女孩的方法，使她们做好更充分的准备去与生活和解。有时，即使在最有利的情况下，也无法实现与生活的和解，就像这个例子一样。尽管具有真正心理学见识的人都否认所谓的女性低劣，然而，在我们的时代，法律和传统仍然坚持这样的看法。因此，我们必须时刻留意，识别和对抗与此相关的社会错误行为的整套手段。我们必须进行战斗，不是为了过分夸大对女性的尊重，而是因为这种错误的态度否定了我们整个社会生活的逻辑。

让我们借此机会来讨论另一种常常用来贬低女性的关系：所谓的"危险年龄"，大约在五十岁左右，伴随着某些性格特征的加重。处于更年期的女性，身体的变化会向她表明痛苦的时刻到来了，她要永远失去一直以来如此辛勤地建立起的微末意义。在这种情况下，她加倍努力地寻找有助于维持自身地位的手段，然而这些方法变得比以往任何时候都要更不稳定。我们的文明受这一原则的支配：只有当前的表现才具有价值；每个老年人，尤其是正在衰老的女人，在这个时候都会遇到困难。对一个上了年纪的女性来说，完全破坏她的价值所造成的损害会影响到每个人，因为我们不能仅仅根据人生的黄金时期来判定一个人的价值。个人在人生巅峰时期所取得的成就，即便在他衰老之后也要归功于他。不能仅仅因为人的衰老，就把他完全排除在社会的精神和物质关系之外。对于女性来说，这实际上相当于对她的贬低和奴役。想象一下，年轻女孩联想到这是她即将面对的未来，她该有多么焦虑。女性气质不会随着五十岁的到来而消失。个人的荣誉和价值在过了这个年龄阶段之后是不会改变的。这一点必须得到保证。

V　两性关系的紧张状态

所有这些不幸表现的基础都建立在我们文明的错误之上。如果我们文明的标志是一种偏见，那么它就会延伸并触及文明的各个方面，并且出现在每一种表现形式中。女性低劣的谬论及其必然结果——男性的优越感——不断扰乱两性关系的和谐。结果，两性关系中出现了一种不同寻常的紧张状态，从而威胁并且常常彻底摧毁两性之间任何幸福的可能。我们全部的爱恋生活都被这种对立关系迫害、扭曲和腐蚀。这就解释了为什么很少有人拥有和谐的婚姻，这也是许多孩子在成长过程中认为婚姻是极其困难和危险的原因。

我们上文所描述的偏见在很大程度上阻碍了孩子对生活的充分理解。想想那些仅仅把婚姻当作逃避生活的紧急出口的年轻女孩，想想那些把婚姻看成是必要之恶的男人女人！最初由两性的紧张关系所造成的难题如今变得异常普遍。女孩越是想要逃避社会强加给她的性别角色，而男人越是希望允当拥有特权的角色（尽管这种行为存在错误的逻辑），这些困难就越难以克服。

同伴关系是与性别角色真正和解以及两性达到真正平衡的典型指标。在两性关系中，一个人对另一个人的从属就像在国际关系中一样是难以忍受的。每个人都应该非常仔细地考虑这个问题，因为错误的态度可能会给伴侣带来相当多的困难。这是我们生活的一个方面，它是如此普遍和重要，我们每个人都被卷入其中。由于在我们这个时代，孩子被迫形成一种贬低和否定另一种性别的行为模式，所以这一切就变得更加复杂难解。

从容不迫的教育当然可以克服这些困难，但是我们每天都过得匆匆忙忙，缺乏真正经过验证和考验的教育方法，特别是我们整个生活的竞争性甚至延伸到了幼儿室，这些都严重地影响了今后生活的趋向。这种令许多人不敢承担任何恋爱关系的恐惧，很大程度上是由无用的压力造成的，这种压力迫使每个人时刻想要证明自己的男子气概，即使不得不使用背叛、恶意或者武力手段。

不言而喻，这会摧毁爱情关系中的一切坦诚和信任。

唐璜是一个对自己的男子气概颇不自信的人，在征服女性的过程中，他一直在寻找更多的证据来证明自己的男子气概。两性之间的普遍猜疑阻碍了一切坦诚，因此人类整体都受到了伤害。夸大的男性理想意味着不断的挑战、激励和不安，到头来自然只是虚荣、自我满足和对"特权"态度的维护。当然，所有这些都与健康的公共生活背道而驰。我们没有理由反对妇女解放运动曾经的目的。我们有责任支持她们努力争取自由和平等，因为全人类的幸福最终取决于女性实现与女性角色和解这个条件，而男性充分解决与女性关系的问题的可能性也取决于此。

Ⅵ 改革的尝试

在所有旨在改善两性关系的制度中，男女同校教育最为重要。这个制度并没有被普遍接受，有人支持也有人反对。支持者最有力的论证是：通过共同教育，男女有机会尽早相互认识，这样可以在一定程度上避免谬误的偏见及其灾难性后果。而反对者往往驳斥说，男孩与女孩的区别在入学的时候就已经非常明显了，男女同校教育只会加重这些差异，因为男孩会觉得自己承受了很大的压力。出现这种情况的原因是，在上学期间，女孩精神发展的速度要比男孩快。男孩在必须维护自身特权并证明自己更有能力的情况下，肯定很快就会认识到他们的特权不过是一个容易破灭的肥皂泡。还有研究者认为，男女同校教育会使得男孩在女孩面前变得焦虑，丧失自尊。

毫无疑问，这些论点在某种程度上不无道理。但是，只有在两性为更大的天赋和能力而**竞争**的意义上考虑男女同校时，它们才是站得住脚的。如果这就是男女同校对于教师和学生的意义，那么它是一种有害的理论。如果没有一个对男女同校教育理解更透彻的教师，也就是说，认为男女同校意味着对未来男女**合作**所做的培训和准备，那么任何男女同校教育的尝试注定都是失败的。反对者只会将它的失败当作是对他们态度的肯定。

恐怕只有诗人的创造力才能充分描述整个情况。对于我们来说，只要指出重点就足够了。一个青春期的女孩表现得好像不如别人，我们前面所说的关于生理缺陷的补偿办法同样适用于她。不同之处在于：她深信自己的劣势是由环境强加给她的。她注定被引导进了这一行为模式，甚至连洞察力敏锐的研究者有时也会相信她是不如别人的。这种谬论的普遍后果是，男女最终都会陷入钩心斗角当中，并且各自试图扮演一个不适合自己的角色。那又会怎么样呢？他们的生活会变得很复杂，他们的关系从此失去所有的坦诚，满脑子都是谬论和偏见，在这些谬论和偏见面前，所有关于幸福的希望都消失了。

由于文化的发展以个人权力为导向，特别是某些个体和某些社会阶层努力为自己争取特权，这种劳动分工已经沦为扭曲我们整个文明的典型渠道。因此，人们非常强调男性在当今文化中的重要性。

现在的情况是，男性一直在试图支配女性，而女性则对男性的统治地位不满。由于两性之间如此紧密地联系在一起，人们很容易想到这种持续的紧张会导致心理上的不和谐和生理上的极度紊乱，这对双方而言都必然是非常痛苦的。

男性的统治地位不是与生俱来的。有证据表明，这主要是原始人之间不断斗争的结果，在这一过程中，男性战士发挥了更为突出的作用，最终利用新赢得的优势为自己和自身的目的保住了领导地位。

男人习惯于坚称自己的地位不仅是与生俱来的，还是由女性的低劣造成的，以此来为自己的统治地位进行辩解。

我们绝不能忽视女孩的心理发展所面临的困难。我们如果无法保证女性与男性绝对平等，就不能要求她与生活、与我们的文明和社会生活的形式完全和解。

第八章　家庭排行

> 孩子在家庭中的排行可能会影响一切与生俱来的东西，例如本能、倾向、能力等。

我们经常注意到这样一个事实：在判断一个人之前，我们必须了解他的成长环境。其中一个重要因素就是孩子在整个家庭排行中所处的位置。通常，在足够熟练以后，我们就可以根据这一点对个体进行分类，并且能够识别出他是否是家中的老大、独生子或最小的孩子等。

人们似乎早就知道，家里最小的孩子通常是一个特殊的类型。不计其数的童话、传说以及《圣经》故事都证明了这一点，最小的孩子总是被赋予类似的形象。事实上，他的确是在与众不同的环境下成长的，因为对于父母来说他很特别，作为最小的孩子，人们对他极为关照。他不仅年纪最小，通常身材也是最小的，因此最需要帮助。在他还弱小的时候，哥哥姐姐们就已经在一定程度上获得了独立和成长，因此他的成长环境通常比他们的更加温暖。

因此，在他那里会形成许多强烈影响他的生活态度的性格特征，使他具有鲜明的人格。必须注意的是，有一种情况看似与我们的理论相矛盾。没有哪个孩子愿意成为家中最小的那一个，因为这意味着人们总是无法信赖他，对他没有信心。这样的看法会激励孩子想要证明他什么都能做。他对权力的追求会变得更加强烈，而且我们发现，最小的孩子往往渴望战胜他人，只有成为最优秀的那个才会满足。

这样的情况并不少见。有些最小的孩子胜过每一个家庭成员，成为家中最有能力的人。但是还有一些就没那么幸运了，他们同样是家里最小的孩子，也渴望超越他人，但由于与哥哥姐姐的关系，他们缺乏必要的活动和自信。如果比不过年长的孩子，那么最小的孩子常常会厌恶自己的责任，变得懦弱，永远都在寻求逃避职责的借口。虽然他并没有失去野心，这种野心却迫使他设法逃避自己的处境，并在生活的必要问题之外满足他的野心，这样一来，他就能够尽量避免受到实际考验的危险。

毫无疑问，许多读者都会认为，最小的孩子表现得好像被人忽视了，他们心中有种自卑的感觉。在调查的过程中，我们总能找到这种自卑感，并且能够从这种痛苦的情感中推断出个体心理发展的质量和方式。从这个意义上讲，最小的孩子就好比是一个天生体弱的孩子。孩子的**感受**其实不必然如此。不管实际发生了什么，不管是否真的处于劣势，都不重要。重要的是他对自己处境的**解释**。我们很清楚，年幼的孩子容易犯错误。那时的孩子面临着大量的问题、可能性和后果。

教育者该怎么做？是不是应该通过激发孩子的虚荣心来施加额外的激励？是不是应该不断地让孩子成为万众瞩目的焦点，让他总是追求第一？这些不过是对生活挑战的无力回应。经验告诉我们，无论一个人是不是第一都没有什么区别。最好不要夸大这个方面，而应该坚持说，成为第一或最优秀的人并不重要。我们已经厌倦了那些除了优秀就一无是处的人。历史和经验表明，幸福不在于成为第一或者最优秀的人。灌输给孩子这样的信条只会使他变得片面；最重要的是，这会剥夺他成为一个好同伴的机会。

这种教条带来的首个后果就是孩子只为自己考虑，并且总是在想是否有人会超过他。在他的心灵中形成的是对同胞的嫉妒和仇恨，以及对自己地位的忧虑。他在家中的排行使得这个最小的孩子成为试图击败所有人的赛跑者。他的全部行为，尤其是一些小动作（对于还没有学会在所有关系中评判他心理生活的人来说，这些举动并不明显），会暴露出他心灵中的那个竞赛者，那个马拉松选手。例如，这些孩子总是站在游行队伍的最前列，他们无法忍受别人在自己前面。这是很多孩子特有的竞争态度。

这类孩子有时会被当作一个鲜明的例子，尽管其他变化的类型也很常见。在家中最小的孩子中，我们发现了一些积极而有能力的个体，他们甚至成为全家的拯救者。想想《圣经》中约瑟夫的故事吧！这是对最小儿子的处境的精彩阐述。这就好像过去的历史带着从充足证据中产生的目的和明确性告诉了我们这一切，而我们今天如此费力才能获得这些证据。几个世纪以来，许多有价值的材料都遗失了，我们必须再次找到它们。

另一种常见的类型是从第一种演化而来的。试想一下，我们的马拉松运动员突然遇到一个他认为自己跨不过去的障碍。他会试图绕开困难。这类最小的孩子失去勇气时，就会变成我们能想象到的最彻头彻尾的懦夫。他会远离生活的前线，所有工作对他来说都十分困难，他成了一个真正的"找借口专家"。他什么都不想做，却将精力全都用来浪费时间。在实际斗争中他总是失败。我们发现他经常小心翼翼地寻找没有任何竞争可能的活动领域。他总能为失败找到借口。他或许会争辩说，自己太弱小或者被过分溺爱，或者哥哥姐姐妨碍了他的成长。如果他的身体确实存在缺陷，那么他的命运还将变得更加悲惨，在这种情况下，他肯定会利用自身的弱点来证明逃避是正当的。

　　这两种类型的人都很难成为别人的同胞。在一个看重竞争的世界里，第一种人发展得更好。这种类型的人只会以牺牲他人为代价来维持自己的心理平衡，而第二种人会一直处于自卑的压抑之下，并且一生都会遭受无法与生活和解的痛苦。

　　家中最年长的孩子也具有鲜明的特点。首先，他心理生活的发展拥有地位优势。历史公认长子具有特别有利的地位。在许多民族和阶层中，这种优越的地位已经成为传统。例如，对于欧洲的农民来说，第一个出生的孩子无疑从小就清楚自己的地位，并且知道总有一天他会接管农场，因此他发现自己的地位远远高于其他孩子，而那些孩子也明白将来自己要离开父亲的农场；对于其他的社会阶层，人们往往认为大儿子今后会成为房子的主人。即使这种传统并没有真的成形，就如在一般的资产阶级或无产阶级家庭中那样，最年长的孩子通常也是人们公认的具有足够权力和常识的孩子，他们将成为父母的帮手或者协助监督者。我们可以想象，对于一个孩子来说，被周围的人不断委以重任是多么难得。我们可以推测他的心理过程可能是这样的："你身材更高大，能力更强，辈分更高，因此你肯定比其他人更聪明。"

如果他在这方面的发展不受干扰，那么他就会成为法律和秩序的捍卫者。这样的人对权力的评价特别高。这不仅涉及他们自身的个人权力，还包括他们对权力概念的总体评价。对于最年长的孩子来说，权力是不言而喻的，它具有影响力，必须受到尊重。所以，这类个体普遍非常保守也就不奇怪了。

对于家中第二个出生的孩子来说，他在追求权力方面的表现也有着特殊的细微差别。排行第二的孩子总是在压力下不断地争取优势：决定他们生活行动的竞争态度在他们的行为中表现得非常明显。事实上，在他之上的老大已经获得了权力，这对于第二个孩子来说是强烈的刺激。如果他有能力发展自己的力量，并与老大进行斗争，那么他通常会充满干劲地前进，而拥有权力的老大以为自己相对安全，直到感受到老二对他产生威胁。

《圣经》中关于以扫和雅各的故事就生动地描述了这种情况。在这个故事中，斗争无情地进行下去，不是为了实际的权力，而是为了表面上的权力；在这种情况下，它就会在某种冲动的驱使下持续下去，直到达成目标。或是战胜老大，或是战斗失败，开始退缩，这通常表现为神经疾病。老二的态度类似于穷人的嫉妒。其中一个主要特点就是被轻视和忽视。老二可能把目标定得很高，以至于一生都在遭受它的折磨。由于没有关注真实的生活，而是追求转瞬即逝的虚幻和毫无价值的表面现象，他内心的和谐被摧毁了。

当然，独生子女又是一种非常特殊的情况。他完全任由周围环境中的教育方式摆布。可以说，他的父母在这件事上别无选择。他们把全部的教育热情都投入到独生子女身上。他变得非常依赖他人，总是等着别人为他指点方向，动不动就寻求支援。由于娇生惯养，他早就习惯了没有障碍的生活，因为总是有人为他扫平道路上的困难。他一直就是大家关注的焦点，很容易就会感觉自己真的很有价值。他的处境如此艰难，以至于对于他来说，几乎无法避免错误的态度。父母如果理解他处境的危险，那么当然会有

173

可能阻止许多危险发生，但是无论如何这仍是一个困难的问题。

独生子女的父母往往格外谨慎，他们把生活视为巨大的危险，因此过分关心自己的孩子。反过来，孩子则把父母的关注和劝告当作额外的压力来源。对健康和幸福的持续关注最终使得他将整个世界想象成一个充满敌意的地方。他对困难产生了永久的恐惧，因为他在生活中只经历过愉快的事情，所以只能以一种缺乏经验和笨拙的方式面对困难。这样的孩子难以独立完成任何活动，迟早会变得一无是处。我们可以预见他们在生活中遭遇的挫折。他们就像寄生虫一样，其他人都在关心他的需要，而他什么都不做，只是享受生活。

性别相同或者相异的兄弟姐妹相互竞争，这会出现不同的组合。因此，对于任何一种情况的评估都变得极其困难。家中除了一个男孩其余全是女孩的情况就是一个很好的例子。女性的影响在这个家庭中占据优势，男孩被置于次要的位置（如果他是最小的孩子就尤其如此），他会看到这群女性全都站在自己的对立面。他在追求获得认可的时候遭遇了极大的困难。由于受到四面八方的威胁，他从来没有感觉到我们发展迟缓的男性主导的文明给予每个男人的特权。他最典型的特征就是长期的不安全感，无法按正常人的标准来评价自己。他可能过于惧怕家中的女人，甚至感到作为男性并不是什么值得骄傲的事。一方面，他很容易失去勇气和自信，另一方面，由于强烈的刺激，这个小男孩不得不迫使自己取得巨大的成就。这两种结果都是由同一情况引起的。这样的男孩最终会变成什么样，是由其他伴随发生且密切相关的现象决定的。

因此我们看到，孩子在家庭中的排行可能会影响一切与生俱来的东西，例如本能、倾向、能力等。这剥夺了关于特殊性状或天赋的遗传理论的一切价值，这种理论对于教育工作是有百害而无一利的。毫无疑问，在某些情况下，遗传影响的效应会表现出来，例如，一个完全脱离父母而成长的孩子，却具有某些类似的"家族"特征。如果你还记得孩子某种类型的错误发展与遗传的身体缺陷的关系多么密切，那么这就更易理解了。假设一个孩子天生身体虚弱，这会导致他在对生活和环境的需求方面产生更大的紧张。如果他的父亲天生也具有同样的身体缺陷，并且带着同样的紧张面对这个世界，那么产生同样的错误和性格特征就不奇怪了。从这个角度来看，性格遗传论的依据似乎不堪一击。

从之前的描述中我们可以推测，无论孩子在成长过程中犯了什么错误，最严重的后果都源自他想超越所有同伴的渴望，为了比他人更具优势而追求更多个人权力。在我们的文明中，他实际上是被迫按照固定的模式发展的。如果我们想防止这种有害的发展，就必须清楚和理解他不得不面对的困难。有一个基本观点可以帮助我们克服所有这些困难；那就是社会感发展的观点。如果社会感得到成功发展，那么障碍就变得微不足道了。但由于在我们的文化中，发展社会感的机会相对稀少，孩子面对的困难才起到了主要作用。一旦认识到这一点，我们就会毫不惊讶地发现，许多人一生都在为了生活而奋斗，而对于另一些人来说，生活是充满痛苦的低谷。我们必须理解，他们是错误发展的受害者，由此带来的不幸结果是，他们对待生活的态度也是错误的。

那么，让我们以非常谦逊的态度判断自己的同胞，最重要的是，永远不要做出任何**道德**判断，即有关他人道德价值的判断！相反，我们必须使自己对这些事实的了解具有社会价值。我们应该同情误入歧途的人，因为我们能够比他本人更好地了解他内心的状况。这在教育问题上引出了重要的新观点。对错误根源的认知让我们掌握了许多强大的改进手段。通过分析个人的心理结构和发展，我们不仅能了解他的过去，还可以进一步推断他的未来。因此，科学使我们了解了人到底是什么。我们所面对的是活生生的人，而不是一个平面的轮廓。因此，我们对他作为人类同胞的价值的感受比今天通常情况下的更丰富、更有意义。

我们经常注意到这样一个事实：在判断一个人之前，我们必须了解他的成长环境。其中一个重要因素就是孩子在整个家庭排行中所处的位置。

幸福不在于成为第一或者最优秀的人。灌输给孩子这样的信条只会使他变得片面；最重要的是，这会剥夺他成为一个好同伴的机会。

无论孩子在成长过程中犯了什么错误，最严重的后果都源自他想超越所有同伴的渴望，为了比他人更具优势而追求更多个人权力。在我们的文明中，他实际上是被迫按照固定的模式发展的。

通过分析个人的心理结构和发展，我们不仅能了解他的过去，还可以进一步推断他的未来。因此，科学使我们了解了人到底是什么。我们所面对的是活生生的人，而不是一个平面的轮廓。

第二部分　性格科学

第一章　概论

> 性格是一种社会概念。只有考虑到个人与环境的关系时，我们才能谈论性格特征。

I　性格的本质和起源

所谓的性格特征，是个体为了适应他所生活的世界所表现出的某种特定表达方式。性格是一种社会概念。只有考虑到个人与环境的关系时，我们才能谈论性格特征。鲁宾逊·克鲁索[1]的性格特征几乎与我们没有什么分别。性格是一种心理态度，是个体对他所接触环境的态度的特性与本质。它是一种行为模式，根据这种行为模式，个体对意义的追求从社会感的方面来说得以充分发展。

我们已经看到，追求优越感、权力、对他人的征服

1　鲁宾逊·克鲁索，英国作家丹尼尔·笛福创作的长篇小说《鲁宾逊漂流记》中的主要人物。

等成为了指导大多数人活动的目标。这个目标改变了人们的世界观和行为模式，并将个体的各种心理表达导向特定的渠道。性格特征只是个体生活方式和行为模式的外在表现。因此，通过性格特征，我们能够大体理解个体对于环境、同胞、他所生活的社会以及一般生存挑战的态度。性格特征是整体人格在获得认可与意义时所使用的手段和技巧；它们在人格结构中相当于一种生存"技能"。

性格特征并不像许多人认为的那样是遗传而来的，也不是天生就有的。它被当作一种类似于生存模式的东西，在无需有意识思考的情况下，使每个人都能过自己的生活和表达自己的个性。性格特征不是遗传力量或天性的表现，而是为了维持生活中的特定习惯而后天习得的。例如，孩子并非天生懒惰，而之所以懒惰是因为在他看来，懒惰是使生活变得轻松的最好方式，同时也使他能够保持对意义的感受。权力态度可以在一定程度上表现为一种懒惰。个体可能会吸引人们注意到他的先天性缺陷，从而在失败时保全自己的面子。最终，他们总会这样反省："如果不是存在这种缺陷，我的才能肯定会得到长足的发展。但不幸的是，我**有**缺陷！"还有的个体由于对权力的过度追求而陷入与周遭环境的长期战争，他会形成适合斗争的权力表现，例如野心、嫉妒、不信任等。我们认为，这种性格特征与人格是密不可分的，但它不是遗传而来的，也不是无法改变的。更仔细的观察告诉我们，它们对于行为模式是必要和充分的，是为这个目的而后天习得的，偶尔会在非常早期的时候就学会。它们不是主要因素，而是次要的，并根据人格的秘密目标被迫形成。我们必须从目的论的观点来审视它们。

让我们回顾一下之前的说明，其中我们展示了个体的生活方式、行动、行为以及他在世界上的立场是如何与他的目标紧密相连的。没有明确的目标，我们既不能思考也不能动手去做任何事情。在孩子心灵的黑暗背景下，这个目标已经存在，并从最早的时候开始指导他的心理发展。它赋予他的生活形式和性格，并且让每个个体成为特殊而又审慎的统一体，不同于所有其他人格，因为他所有的行动和表达都指向一个普通而又独特的目标。为了认识到这一点，我们需要知道，一旦了解一个人的行为模式，那么总能在他的行为过程中辨认出他来。

就心理现象和性格特征而言，遗传的作用相对不太重要。没有任何事实可以证明性格特征的遗传理论。研究个体从出生时起的心理生活中的任何特殊现象，看起来好像一切都是遗传的结果。同一个家庭、国家、种族出身的人都具有共同的性格特征，原因很简单，因为个体通过模仿或者认同他人的行为从他人那里习得了这些特征。对于我们文明中所有的青少年来说，心理和生理生活中存在某些具有特殊意义的现实、特点、表达和形式。它们的共同特点就是它们会激发模仿。因此，对于视觉器官存在缺陷的孩子来说，对知识的渴望有时会表现为对视觉的渴望，它可能会使这些孩子产生好奇这一性格特征，但这不是**必然**结果。只要是孩子行为模式的需要，这种对知识的渴望还有可能发展成为其他性格特征。为了满足自己，同一个孩子可能会研究所有的事情，将它们拆开或者打碎。或者，在有的情况下，这样的孩子可能会成为书呆子。

我们可以用同样的方法来评价有听力障碍之人的不信任感。在我们的社会中，他们的处境相当危险，他们会利用极其敏锐的注意力来觉察这种危险。他们也会遭到嘲笑和侮辱，经常被当成残废。这些都是产生不信任感最重要的因素。由于无法享受到许多快乐，他们对其他人抱有敌意也就不奇怪了。但是，认为这种不信任感是他们与生俱来的性格是没有根据的。同样，犯罪性格具有先天性的理论也是错误的。对于同一个家庭中会出现多个罪犯的观点，可以通过这样的事实来进行有效反驳：我们的传统和对世界的态度，以及一个坏榜样，与犯罪事件都是密不可分的。这些家庭的孩子从小被灌输的观念就是，为了谋生是可以偷窃的。

我们也可以用同样的方式来分析追求认可的性格。每个孩子在生活中都面临着许多障碍，所以每个孩子在成长过程中都会去追求某种意义。这种追求的形式是可以替换的，每个人都以自己的方式面对个人意义的问题。对于孩子与父母性格相似的说法，可以用这样一个事实来轻松解释：在追求意义的过程中，孩子会将自己周围重要的、值得尊重的人作为理想榜样。每一代人都是以这种方式向先人学习，并在追求权力可能带来的巨大困难和复杂性中，将所学到的东西保留下来。

追求优越感是一个隐秘的目标。社会感的存在阻碍了它的公然发展。它只好躲在友善的面具背后偷偷成长！然而我们必须重申，如果人类相互之间能够更好地理解，它就不会如此强盛地发展。如果我们每个人都能具备一双慧眼，可以更透彻地察看周围人的性格，那么我们不仅能够更好地保护自己，也会使他人很难表现出对权力的追求，因为这么做并不值得。在这种情况下，背后的权力斗争将不复存在。因此，这些关系值得我们进行更深入的研究，并充分利用我们获得的实验证据。

我们生活在如此复杂的文化环境下，很难获得适当的生活教育。人们否认了心理敏锐性发展最重要的手段，并且到目前为止，学校唯一的价值就是把知识的原材料在孩子面前摆出来，允许他们去吸收自己能学会或愿意学的东西，而不会特地激发他们对材料的兴趣。甚至想要有足够多这样的学校也是可望而不可即的愿望！迄今为止，人们总是忽视对于理解人性来说最重要的前提：我们也在旧式的学校里学会了衡量人的标准。我们学会了将好人和坏人分开，并且辨别他们。我们学不到的是如何改变自己的观念，因此我们带着这个缺陷走进了生活，并且一直在它的影响之下艰苦地生活到今天。

作为成年人，我们仍然在利用童年的偏见和谬误，就好像它们是神圣的法律一样。我们还没有意识到，我们已经陷入了复杂文化的混乱之中，我们假设了一些观点，它们使真正认识事物的本质变得不可能。归根到底，我们忙于从提高个人自尊的角度来解释每一种情况，为的是让我们自身变得更加强大。

Ⅱ 社会感对于性格发展的重要性

在人格发展中，社会感的作用仅次于对权力的追求。就像努力追求意义一样，它表现在孩子最初的心理倾向中，特别是在他对交往和关爱的渴望中。我们已经在前面的章节中了解了社会感发展的条件，在这里只作简单的回顾。社会感既受到自卑感的影响，也受到对权力的补偿性追求的影响。人类是产生各种自卑情结的敏感载体。自卑感刚一出现，焦虑地寻求补偿，需要安全感和整体感的心理生活的过程就产生了，目的是确保生活的和平和幸福。我们对孩子必须坚持的行为准则是从对他自卑感的认识中产生的。这些规则可以归结为一种告诫，即我们不能让孩子生活得太苦，我们必须阻止他过快地了解生活的黑暗面；我们还必须给予他体验生活乐趣的可能性。另一组在此发挥作用的条件具有经济性质。不幸的是，孩子往往在不必要的痛苦中长大；误解、贫穷和匮乏都是可以避免的。身体缺陷也具有重要的作用，因为它们使得孩子无法正常生活，并教会他们要求特殊的特权和法律来维持自己的生存。即使可以控制所有这些东西，我们也无法避免这样的事实，即这些孩子的生活会经历不愉快的困难，这反过来又会导致巨大的危害，扭曲他们的社会感。

只有以社会感的概念为标准，并以此来衡量个体的思想和行为，我们才能判断一个人。我们必须坚持这一立场，因为人类社会中的每个个体都必须肯定社会归属感。这一必要性使我们或多或少清楚地认识到我们对同胞所负的义务。我们正处于生活的过程之中，受公共存在的逻辑支配。这决定了我们需要某些已知的标准来评估我们的同胞。社会感在个体中的发展程度就是衡量人类价值的唯一标准，这是普遍有效的。我们不能否认我们的心灵依赖于社会感。没有人能够彻底破坏他的社会感。我们不能完全逃避对于同胞的责任。社会感总是在不断警醒我们。这并不意味着社会感总是存在于我们的意识思维之中，但是我们坚持认为，只有动用某种力量才能扭曲它，置它于不顾；而且，鉴于它的普遍必要性，任何人都不被允许在未被社会感证明为合理之前开始行动。为每一个行为和思想辩解的需要源于无意识的社会统一感。至少它决定了一个事实，即我们必须经常为自己的行为寻求情有可原的情况。生活、思考和行动的特殊技巧由此产生，它让我们希望始终与社会感保持融洽的关系，或者至少用表面上的社会归属感来欺骗自己。简而言之，这些解释表明，有一种类似于社会感的东西，它能起到掩盖某些倾向的作用。仅仅发现这些倾向就可以让我们正确评价某个行为或某个人。由于可能存在这种欺骗性，我们评估社会感的难度增加了；正是这些困难促使我们将对人性的理解提升到了科学的层面。下面我们将通过几个例子来说明社会感是如何被滥用的。

一位年轻人曾经说过，他和几个伙伴一起游到海上的一座小岛，并在那里待了一段时间。碰巧，其中一个伙伴在悬崖边俯身时失去平衡，掉进了海里。年轻人弯下身子，非常好奇地看着他的伙伴被海水淹没。后来，当他回想这件事时，他并没有把自己的行为当作是好奇心使然。幸好掉进海里的那个人得救了，但是我们可以肯定，这位故事讲述者的社会感一定很淡薄。哪怕我们之后得知他一生中从未伤害过任何人，偶尔也和伙伴友好相处，我们也不会误以为他的社会感是**没有**缺陷的。

进一步的事实强化了这一大胆假设。这个年轻人经常做这样的白日梦：自己在森林中的一个小房子里，与所有的人都隔绝了。这一场景也是他最喜欢画的主题。只要是理解幻想并且了解他过去的人，很容易就会发现他梦中不断重申的是自己社会感的不足。在不作出任何道德判断的情况下，如果我们指出他是一种错误发展的受害者，他的社会感的形成受到了阻碍，那么这个评价对他并非有失公允。

还有一个故事可以很好地说明真假社会感之间的区别。一位老妇在追赶电车的时候不小心滑倒在雪地上。她站不起来，许多人从她身边匆匆走过，却没有注意到她的困境，直到一位男士走到她身边，扶她起来。这时，藏在某处的另一个男人跳了出来，向帮助老人的殷勤男士打招呼："感谢上帝！我终于找到一个正人君子。我在这里站了五分钟，就是想看看到底有没有人会帮助这位老太太。您是第一个这么做的人！"从这件事就能看出，人们是如何滥用表面上的社会感的。通过这种显而易见的伎俩，这个人把自己标榜为他人的法官，赞扬和指责他人，对于眼前所发生的情况，他却没有施以援手。

还有一些更为复杂的例子，我们很难从中确定社会感到底是多还是少。除了从根本上调查他们，我们不能得出任何结论。一旦这样做，我们就不再是一无所知。例如，有一个将军，尽管知道战争已经损失过半，却强迫数千名士兵做出无谓的牺牲。当然，将军会振振有词地表示这都是为了国家的利益，许多人也赞同他的观点。然而，无论他用什么理由为自己辩护，我们都很难将他视为真正的同胞。

在这些不确定的情况下，我们需要一个普遍适用的立场来进行正确判断。我们可以在社会有用性和人类普遍福祉（即"公共福利"）的概念中找到这种立场。如果采取这种立场，那么在判断某个特定案例时遇到的困难就会减少。

社会感的程度体现在个体的每一项活动中。这可能会非常明显地体现于他的外在表现，例如，他看待他人的方式、握手或者说话的举止态度。无论以何种方式，他的整个人格可能都会给人留下难以忘记的印象，我们几乎凭直觉就可以感觉得到。有时，我们会无意识地从一个人的行为中得到深层次的结论，而我们的态度会完全依赖于这些结论。在这些讨论中，我们所做的仅仅是将这种直觉认识带入意识领域，从而对它进行检验和评估，避免犯下严重的错误。这种向意识领域转移的好处在于，我们很少会为错误的偏见敞开大门（当我们允许自己在无法控制自身行为也没有机会修正的无意识中形成判断时，就会产生这种偏见）。

让我们重申一次，我们只能在了解一个人的背景和环境的情况下评价他的性格。如果我们从他的生活中拎出某个单一现象并对它进行判断，就会像仅仅考虑他的生理状况、环境或教育一样，得出必然错误的结论。这个命题很有价值，因为它能立即从人类肩上卸下沉重的负担。利用我们的生存技巧，更好地了解自己，就必然会形成一种更适合我们需要的行为模式。通过运用我们的方法，可以更好地影响他人，尤其是儿童，并且可以防止无情的命运突然降临在他们身上，从而造成不可避免的后果。因此，一个人不再会仅仅因为生于不幸的家庭或世袭的环境而被迫接受一种悲惨的命运。只要我们达成这一目标，我们的文明将会有决定性的进步！新一代人会勇敢地意识到自己才是命运的主人！

Ⅲ 性格发展方向

个体人格所表现出的任何明显特征肯定都与源于童年的心理发展方向相一致。这个方向可以是一条直线，也可以分流或者迂回。在第一种情况下，孩子沿着一条直线努力实现他的目标，并形成积极、勇敢的性格。性格形成的起点通常以这种积极、进取的特征为标志。但是这条直线很容易发生转向或者被改变。孩子的对手所具有的更强大的抵抗力，可能本身就构成一种困难，这些对手通过直接攻击来阻止孩子获得优越感。孩子会设法以某种方式规避这些困难。他的迂回将再次产生特定的性格特征。性格发展中遇到的其他困难（例如器官发育不足，或者在所处环境中遭到排斥和失败等）对他也会造成类似的影响。此外，更大范围的环境、整个世界以及不可回避的老师的影响也是非常重要的。在我们的文明中，生存状况（正如老师的要求、怀疑和情绪所表达的那样）最终会影响他的性格。所有的教育都呈现出这样一种风格和态度，能最好地促使学生朝着社会生活和时代主流文化的方向发展。

各种各样的障碍对于性格的直线发展都会构成威胁。当它们存在时，孩子追求权力目标的道路或多或少会偏离直线。在第一种情况下，孩子的态度不会受到干扰，他会直接面对困难，而在第二种情况下，孩子将会呈现出完全不同的状态，他已经知道火会燃烧，也知道在对手面前必须谨慎。他试图通过心理上的迂回，有技巧地来实现他获得认可和权力的目标。他的成长与这种偏差的程度有关。他是否谨小慎微，是否能够满足生活的需要，还是回避这些需要，都将取决于上述因素。如果他不能直面自己的职责和问题，如果他变得懦弱胆怯，拒绝直视他人的眼睛或说真话，那么尽管他与勇敢孩子的目标一致，他仍然属于另一种类型的孩子。即使两个人的行为不同，他们的目标也有可能一样！

这两种类型的性格发展可能在一定程度上存在于同一个人身上。这种情况常见于这样的孩子：他们尚未清楚地明确自己的意向，仍然可以改变自己的个人原则，他们并不总是采取同一种方法，而是在第一次尝试失败的情况下，仍然积极主动地去寻找其他方法。

不受干扰的公共生活是适应共同体需求的首要前提。只要孩子没有对周遭环境心怀敌意，我们就可以很容易地教会他适应环境。教育者只有尽量减少自己对权力的追求，不给孩子带来负担，才能消除家庭内部的冲突。此外，父母如果了解孩子成长的规律，就可以避免直线型的性格特征发展成其他夸张的形式，例如勇气蜕变成了轻率，独立蜕变成了原始的利己主义。同样，他们也能防止任何强行出现的外部权威引起卑屈服从的迹象。这种有害的教育可能会导致孩子自我封闭，害怕面对真相以及坦率造成的后果。教育中对压力的运用是一把双刃剑。它会产生表面上的适应性。强制服从只是表面上的服从。孩子与周围环境的一般关系反映在他的心灵之中。所有可能出现的障碍是直接还是间接地影响他也都会反映在他的人格当中。通常，孩子无法对外界的影响进行任何批判；他周围的成年人要么对这些影响一无所知，要么不能理解。他所面对的所有困难和对障碍的反应构成了他的人格。

我们还有另一种对人进行分类的方法。分类的标准是他们对待困难的方式。第一种是乐观主义者，他们的性格发展大体上呈直线型。他们勇敢面对所有的困难，却不会把它们过分当真。他们坚持对自己的信心，对生活的态度相对轻松愉悦。他们不会对生活要求过多，因为他们能正确地看待自己，不会认为自己遭到忽视或无足轻重。因此，他们要比其他人更容易承受生活中的困难，而其他人总是认为困难只会进一步证明自己的软弱和不足。在更艰难的情况下，乐观主义者保持平静，坚信错误迟早会被纠正。

乐观主义者可能会因为他们的举止态度而很容易被分辨出来。他们无所畏惧，说话公开而自由，既不过分谦虚也不太拘谨。如果用形象的方式来形容他们，那他们就是我们愿意张开双臂迎接的人。他们很容易与他人接触，不难交到朋友，因为他们不是多疑的人。他们的言论不受阻碍；他们的态度、举止以及步态都是自然而轻松的。这类人的纯粹范例非常少见，除非是在个体童年时期的最初几年；然而除此之外，也有很多不同程度的令我们满意的乐观态度和社交能力。

悲观主义者则是另一种完全不同的类型。我们教育的最大问题正是出在他们身上。由于童年的经历和印象，他们会在后天产生"自卑情结"。对于他们来说，各种各样的困难都会令人感到生活不易。由于童年时期受到错误的对待，他们形成了悲观的人生观，总是寻找生活的阴暗面。他们比乐观主义者更容易察觉生活的困难，轻易就会丧失勇气。在不安全感的折磨下，他们不断地寻求支援。因为他们无法独立生存，他们的求助会体现在外在行为中；他们如果还是孩子，就会不断呼唤自己的母亲，或者刚与家人分开就马上哭着要他们回来。即使长大以后，他们有时也会哭着叫喊母亲。

这类人的异常谨慎表现在他们胆怯、恐惧的外在态度上。悲观主义者考虑的永远是想象中可能即将到来的危险。显然，这类人的睡眠非常糟糕。事实上，睡眠是衡量人类发展的一个极好标准，因为睡眠障碍表明，个体在面对不安全感时变得更为谨慎，就好像他们为了更好地保护自己在生活中免受威胁而一直处于戒备之中似的。对于这种人来说，生活的快乐是多么少，他们对生活的理解又是多么贫乏啊！睡眠不好的人的生存技能肯定也很差。如果他所担心的事真的发生，那么他就彻底不敢睡觉了。如果生活真的如他相信的那般痛苦，那么睡眠实际上是一种非常糟糕的安排。悲观主义者往往会充满敌意地对待生活中的自然现象，从而暴露出他面对生活时的惊慌失措和毫无准备。睡眠本身不必被打扰。如果一个人经常查看房间的门是否被小心锁好，或者梦里总是出现窃贼和强盗，我们就有理由怀疑他具有这样的悲观倾向。事实上，我们可以通过他的睡姿来辨别这种类型。通常情况下，这种人会蜷缩在尽可能小的空间里，或者用被子蒙住头睡觉。

我们还可以将人划分为进攻型和防御型。进攻型的特征是行事暴力。为了向世界充分证明自己的能力，具有攻击性的人表现勇敢时会变得鲁莽，从而暴露出控制着他们的内心深处的不安全感。他们如果焦虑不安，就会努力使自己变得坚强以对抗恐惧。他们扮演"男性化"的角色到了荒唐可笑的程度。还有的人会尽力压抑所有温柔的情感，因为他们认为那是软弱的表现。攻击型的人还会表现出野蛮和残忍的特征，而且如果他们产生悲观倾向，那么他们与周围的一切关系都会发生改变，因为他们既不会与他人产生共鸣也不懂得合作，对整个世界都充满敌意。同时，他们自我价值意识的程度可能相当高。因此，他们会骄傲自大，恃才傲物。他们会把自己当作是真正的征服者，展示出他们的虚荣心，然而他们做这一切的明显用意以及行为的多余不仅导致他们与世界无法和谐共处，还暴露出他们的全部性格——在并不牢固的基础之上建立起的人造上层建筑。他们可能会持续很久的攻击性态度就是这样产生的。

他们之后的发展并不容易。人类社会对这样的人没有好感。事实上，他们过于爱出风头这一点就很不受人待见。他们不懈地努力争取优势，很快就陷入冲突之中，特别是碰到与他们同类型的人时，他们的整个竞争意识都被唤醒了。对他们来说，生活变成了一系列斗争；当他们遭受不可避免的失败时，通往胜利的道路就会突然中断。他们很容易被吓倒，无法在长期的斗争中维持自己的力量，也无法挽回他们的失败。

完不成任务的失败感反过来会对他们产生影响，使得他们的发展几乎就此停止，与此同时，另一种感到自己受到攻击的类型的人出现了。这一类人属于被攻击的对象，经常处于防御状态。他们不会采取进攻的方式，而是通过焦虑、预防和怯懦来弥补自己的不安全感。可以肯定的是，如果没有我们刚才所说的不成功的攻击性态度的维持，就不会形成这第二种类型。防御型的人很快就被不幸的经历吓坏了。他们会从中推断出可怕的后果，所以轻易就会选择逃避。有时，他们会假装退缩是有用的，以此来掩饰自己的缺陷。

因此，当他们不断陷入记忆并产生幻想的时候，他们实际上只是在逃避充满威胁的现实。他们中的一些人在没有完全丧失主动性的情况下，可能会对社会做出一些不无普遍益处的事情。许多艺术家就属于这种类型。他们已经脱离了现实世界，在想象和理想的领域为自身建立起了一个没有障碍的世界。这些艺术家是规则的例外。这种类型的人往往会屈服于困难，并在失败后一蹶不振。他们惧怕一切事物和人，变得越来越不信任，只是等着世界的敌意降临。

不幸的是，在我们的社会中，他们的态度经常被他人的不良经历所强化；很快，他们就失去了对人类的良好品质和光明生活的一切信念。他们最常见也最典型的特征之一就是他们表现出的批判态度。这种态度有时会变得极为突出，以至于他们很快就会发现别人微不足道的缺陷。他们自诩为人类的批判者，却从来没有为周围的人做过任何有意义的事情。他们忙着批判和破坏其他同胞的活动。他们的猜疑迫使他们采取焦虑和犹豫的态度，然而一旦面临某项任务，他们马上就会开始怀疑和犹豫，仿佛希望避免每一个决定。如果用形象的说法描述这类人，那就是举起一只手保护自己，却用另一只手遮住眼睛，以免看到危险。

这样的人还有其他令人不快的性格特征。众所周知，连自己都不相信的人永远也不会相信别人。这种态度会不可避免地形成嫉妒和贪婪。这类人所处的孤立状态往往表明他们既不愿意让他人快乐，也不愿意与他人一起幸福。而且，别人的幸福对他们来说是一种痛苦。这个群体中的某些人可能会施展有效的、难以攻破的伎俩，成功地在他人面前保持一种优越感。为了不惜一切代价维持优越感，他们可能会形成一种非常复杂的行为模式，乍一看，人们根本不会怀疑他们对人类有着本质上的敌意。

Ⅳ 传统的心理学流派

诚然，人们可以在没有自觉意识到本研究采取的方向的情况下，试着去理解人性。通常的方法是从心理发展的过程中找出一个单一的点，然后建立"类型"，并据此为自己定向。例如，我们可以把人分成喜欢沉思和反思的人，生活在幻想中的人，以及与现实生活格格不入的人。这种类型的人比另一种类型的人更难付诸行动，后者更少反思，几乎完全不沉思，他们忙着通过积极的、实事求是的、脚踏实地的态度来解决生活的问题。这类人当然是存在的。然而，如果我们赞同这一心理学流派，那么研究很快就会结束了，因为我们会像其他心理学家一样，满足于证实这一观点：幻想的力量在第一种类型中发展得更好，工作的能力在第二种类型中发展得更好。对于真正的科学来说，这几乎是不够的。我们需要更好地了解这些事情是**如何**发生的，它们是否**必然**出现，以及它们是否可以被避免或者缓解。因此，对于一种合理的人性研究来说，即使上文所述的各种类型确实存在，这种人为和表面的分类也是无效的。

　　个体心理学抓住了心灵的发展，心灵的表现形式源于童年的最早时期。已经确定的是，无论从整体还是单一的角度来看，这些表现要么受到社会感优势的影响，要么在追求权力中表现得更为明显。因此，个体心理学的关键就是可以根据一个简单而普遍适用的观点来理解一个人。这个观点的应用范围非常广泛，我们可以根据它对任何人进行分类。任何情况下都必须运用适合于心理学家的观察中的审慎和技巧，这一点不言而喻。在这样自明的前提下，我们就获得了一个能够说出的标准：某个心理现象是否具有更高程度的社会感，只略微具有一点对个人权力和威望的追求，或者它是否主要是利己的、充满野心的，并且只能使其承载者产生一种超越其他人的优越感。在此基础上，我们不难更加清楚地了解曾经被误解的某些性格特征，并根据其在人格整体中的位置来衡量它们。在理解一个人的特征或者行为模式的同时，我们也获得了可以改变他行为的手段。

V　气质与内分泌

"气质"这个范畴是一种古老的对心理现象和特征的分类。我们很难理解"气质"到底是什么意思。它是人们思考、说话或行动的敏捷程度吗？还是处理任务的力量或者节奏？在研究中，心理学家对气质之本质的解释似乎特别不充分。我们必须承认，科学无法脱离四种气质的概念，这一概念可以追溯至人类才刚刚开始研究心理生活的古代。气质主要分为多血质、胆汁质、抑郁质和黏液质四种类型，它起源于古希腊，由希波克拉底提出，后来被罗马人接受，至今仍然是我们心理学中可敬和神圣的宝贵财富。

多血质的人在生活中非常乐观，他们不太把问题当回事，也不会早生华发，他们试图看到每件事最愉快和阳光的一面，只会适度悲伤，但是不会让情绪崩溃；他们在幸福之事中体验愉悦的同时不会失去判断力。通过对这类人的详细描述，我们可以看出，他们几乎称得上是健康的人，没有严重的缺陷。然而，对于其他三种类型，我们就不能下这样的结论。

在某篇古老的诗作中，胆汁质的个体被描述为猛地一脚踢开挡路石的人，而多血质的人则选择轻松地绕过石头。用个体心理学的语言来说，胆汁质个体在追求权力时丝毫不会松懈，他们会表现出更为明显的暴力行为，好像总是忍不住证明自己的力量。他们喜欢以直接出击的方式克服所有障碍。事实上，这类人在童年早期就已经表现出非常激烈的行为，当时他们缺乏对自己力量的认知，必须不断地证明它以确定它的存在。

抑郁质的个体给人的印象完全不同。抑郁质的人如果看到一块石头挡在路上，就会回想起他所有的罪恶，为过去的生活悲伤焦虑，然后转身返回。个体心理学认为，他们完全是一类犹豫不决而且神经质的人，没有信心克服困难或者取得进步，更不愿意参与新的冒险，宁愿待在原地不动，也不肯追求目标；这样的人如果继续发展下去，就会对每一个行动都过分谨慎。在他们的生活中，怀疑占据主导地位。比起他人，这类人更看重自己，最终将自己排除在与生活充分接触的可能性之外。他们处于忧虑的压迫之下，只能凝视过去，或者把时间花在毫无结果的反省上。

一般来说，黏液质的人对生活完全不了解。他们收集各种印象，却无法从中得出适当的结论。没有什么能给他们留下深刻的印象，他们对任何事都不感兴趣，也不结交朋友。简而言之，他们几乎与生活没有任何联系：在所有类型的人中，他们可能与生活这件事最不沾边。

因此，我们可以得出结论：只有多血质的人才能成为优秀的人类。然而，我们很难找到界限分明的气质。在大多数情况下，我们面对的都是一种或多种的混合气质，这就剥夺了气质说法的全部价值。这些"类型"和"气质"也不是固定不变的。我们经常发现，一种气质会融合其他气质或转变为另一种气质，例如，在童年时期是胆汁质的人，后来变成了抑郁质，上了年纪之后又成了黏液质。多血质的人似乎在童年时期最不容易产生自卑感，很少表现出身体虚弱，也不会遭受强烈的刺激，于是他们得以稳定地成长，热爱生活，从而能够在一个确定的基础上面对生活。

这时，科学出来应战，它宣称："气质取决于内分泌腺。"[1] 医学的最新进展之一就是认识到了内分泌的重要性。内分泌腺包括甲状腺、垂体、肾上腺、甲状旁腺、胰腺中的胰岛、睾丸和卵巢的间质腺，以及其他功能尚不明确的组织结构。这些腺体没有导管，直接将分泌物注入血液。

总的来说，所有器官组织的生长和活动都受到内分泌的影响，这些分泌物通过血液进入体内的各个细胞。它们具有活化剂或者解毒剂的作用，对生命至关重要，但是内分泌腺存在的全部意义仍然不是十分明确。关于内分泌的研究才刚刚起步，并且很少发现关于其分泌物功能的正面事实。但是，由于这门年轻的学科需要获得认可，并试图引导关于性格和气质的心理学思想的路线，所以，关于内分泌决定性格和气质这样的断言，我们必须多说两句。

首先，我们要处理一个重要的反对意见。如果关注实际的疾病，例如甲状腺功能不足导致的呆小病，我们会同时发现，患者的心理也出现了症状，而且与黏液质气质的状态类似。这些人看起来有些浮肿，毛发呈病理性生长，皮肤变得特别厚，他们的行为异常缓慢和懒散。他们的心

1　参见克雷奇默的《性格与气质》，1921年柏林。——原注

理敏感度明显降低，几乎丧失了主动性。

现在，如果我们将这一病例与所谓的黏液质气质进行比较，尽管后者的甲状腺没有明显的病理变化，但我们看到的应该是两种完全不同的表现，截然不同的性格特征。因此可能有人会说，甲状腺分泌物中似乎存在某种有助于维持充分的心理功能的东西；但是我们不能说，黏液质的气质是由甲状腺分泌物的缺失而**引起**的。

病理性的黏液质类型与我们习惯上所说的黏液质完全不同；**心理学意义上的**黏液质性格和气质与**病理学意义上的**黏液质是有区别的，这完全取决于个体以往的心理经历。我们心理学家所感兴趣的黏液质类型个体绝不是一成不变的。我们常常惊讶地发现，他们身上有时会出现惊人而剧烈的反应。没有一个黏液质的个体一生都保持为黏液质。我们了解到，他的气质不过是一层人造的外壳，一种防御机制（可以想象，他在生活中可能有一种由体质决定的倾向），是过度敏感的人在自己和外部世界之间建立起来的防御工事。黏液质气质是一种防御机制，是对生存挑战的重要回应，在这个意义上，它完全不同于甲状腺功能不足导致的呆小病所表现出的毫无意义的缓慢、懒惰和缺陷。

即使在那些看起来只有先前甲状腺分泌存在缺陷的患

者才具有黏液质气质的情况下，这一重要的反对意见也没有被推翻。这不是整个问题的关键所在。真正成问题的是一整套复杂的原因和目的，以及器官活动的整个系统加上外部影响，这些才会让人产生自卑感。正是这种自卑感让个体发展出黏液质气质，从而保护自己的自尊免遭令人不快的侮辱和伤害。但是这只表明，我们正在这里对一类已经提到过的人进行专门讨论。甲状腺分泌不足是一种特殊的器官缺陷，它所引起的后果占据了主导地位。这种器官缺陷导致个体对生活的态度变得更加紧张，他试图通过心理技巧来进行弥补，而形成黏液质的性格就是一个众所周知的例子。

我们通过考虑其他内分泌异常并确认它们所对应的气质来进一步证实我们的观点。有些人甲状腺素分泌过多，就会患甲状腺肿。这种疾病的特征是心动过速、脉搏频率高、眼球突出、甲状腺肿胀，以及四肢特别是手部出现严重或者轻微的颤抖。这类患者容易出汗，由于甲状腺分泌物对胰腺的间接影响，他们的胃肠器官常常在前所未有的困难下工作。这类患者高度敏感，易受刺激，主要特征是急躁、易怒、颤抖，通常与明显的焦虑状态有关。突眼性甲状腺肿患者的典型表现就是明显的过度焦虑。

然而，要说这与心理性焦虑是一致的，就是犯了严重的错误。突眼性甲状腺肿所表现出的心理现象，也就是焦虑状态、不能承担某些体力或脑力工作、容易疲劳和严重虚弱等，不仅受到心理因素的制约，还受到器质性因素的制约。他与焦虑症患者相比，是存在巨大反差的。与甲状腺功能亢进导致心理亢奋的人（他们的性格是由慢性中毒间接导致的，也就是甲状腺分泌激素过多）形成鲜明对比的，是其他那些容易激动、急躁和焦虑的个体，他们属于完全不同的类别，因为他们的状况几乎完全是由曾经的心理经历所决定的。甲状腺功能亢进的个体确实在行为上与后者表现出**相似性**，但是他们的行为缺乏**计划性**和**目的性**，而这恰恰是性格和气质的基本标志。

　　在此，我们也必须讨论一下其他内分泌腺。各种内分泌腺的发育与睾丸和卵巢的发育存在着极其重要的联系[1]。如果内分泌腺出现异常，那么生殖腺或者性腺也必然出现异常，这一点已经成为生物学研究的一个基本原则。这种特殊的相关性和同时产生这些缺陷的原因还没有被彻底确定。当这些腺体也存在器官缺陷时，我们会得出在其他器官缺

1　参见阿尔弗雷德·阿德勒：《器官缺陷及其心理补偿》。——原注

陷中可能得出的相同结论。当性腺机能不全时，我们发现，存在器官缺陷的个体会感到难以适应生活，因此必须培养更多的心理技巧和防御机制来帮助自身进行适应。

热衷于内分泌腺研究的人使我们相信，性格和气质完全取决于性腺的内分泌。然而，睾丸和卵巢的腺体物质似乎很少出现大范围的异常。在那些出现病理性恶化的病例中，我们面对的是罕见情况。没有一种特殊的心理习惯与性腺**功能**的缺陷直接有关，性腺功能的缺陷也并非总是源于性腺的特定疾病；我们没有发现内分泌学家声言的性格的内分泌基础所具有的坚实医学根据。机体活力所必需的某些刺激来自性腺，而这些刺激物可以决定孩子在环境中的地位，这是不可否认的。然而，这些刺激也可能由其他器官产生，它们不一定是特定心理结构的基础。

评价他人是一项艰巨的任务，犯一个错误就有可能决定生死，所以在此我们必须提出警告。对于先天性器官衰弱的孩子来说，学习特殊的心理技巧和策略作为补救措施是一个非常大的诱惑。**但是，这种发展一种特殊心理结构的诱惑是可以被克服的**。无论处于何种状态，没有任何器官会必然迫使一个人在生活中采取某种特定的态度。这可能会使他灰心，但那是另一回事。我们刚才所说的与此类似的观点之所以能够存在，完全是因为没有人试图消除具有器官缺陷的儿童在心理发展中面对的困难。我们让他们因为缺陷而误入歧途；我们审视和观察他们，却没有试图帮助或者激励他们！建立在个体心理学经验基础上的新的**处境**或**语境**心理学将在这方面的理论后果中证明自身的正确性，迫使当前的**性情**或**体质**心理学缴械投降。

Ⅵ 要点重述

在分别介绍各种性格特征之前，让我们简单回顾一下已经讨论过的要点。我们提出了一个重要论点：研究那些从它们整个心理背景和关系中割裂开来的孤立现象是永远无法理解人性的。为了理解人性，我们必须比较至少两种被尽可能长的时间分隔开来的现象，并通过统一的行为模式将它们联系起来。事实证明，这种特殊手段非常有用；它使我们能够收集大量的印象，并通过系统的安排将它们浓缩成一个合理的性格评价。我们如果把判断建立在孤立现象的基础之上，就会发现自己和其他心理学家、教育家面临同样的困境，因此就不得不利用那些被我们认定为无用的传统标准。然而，如果我们能够成功地获得一些视点，在这些视点中运用我们系统的影响力，将它们联结到一个单一的模式中，那么我们眼前系统的效力范围就是显而易见的，它对人类明确的单元评估将是有价值的。只有在这种情况下，我们才能站在坚实的科学基础上。与个体更密切的接触可能会导致我们在一定程度上改变自己的判断。在我们试图进行任何教育改革之前，我们必须根据这个系统为自己形塑出对有待接受教育的个体的清晰认识。

通过已经讨论过的各种方式和手段，我们可以建立这样一个系统，而且以我们自己经历过的或者任何正常人经历过的现象作为例证。除此之外，我们还坚持认为，这个我们所建立的系统绝不能缺少社会因素。观察个体心理生活中的现象是不够的。我们必须始终注重他们与社会生活的关系。我们公共生活中最重要和最有价值的基本论题是：**人的性格从来不是道德判断的基础，而是他对周遭环境的态度以及他与所生活的社会的关系的指标。**

在阐述这些思想的过程中，我们发现两种普遍的人类现象。第一种是联系人与人的社会感的普遍存在；这种社会感是人类文明一切伟大成就的基础。社会感是我们有效衡量心理生活现象的唯一标准，通过它我们能够预测任何个体社会感的可用量。当我们了解一个人如何面对社会，如何表达自己在人群中的伙伴关系，如何使自己变得富有成效和至关重要时，我们就对他的心灵有了一个深刻印象。接着，我们发现了第二个评价人格的标准：最敌视社会感的力量就是追求个人权力和优越感的倾向。有了这两点我们就可以理解，人与人之间的关系是如何在一定程度上受到他们的社会感的制约，这与他们追求个人权力的努力形成对比，这两种倾向总是相互对立。这是一个动态的博弈，一个力的平行四边形，而它的外部表现就是所谓的性格。

性格特征只是个体生活方式和行为模式的外在表现。因此，通过性格特征，我们能够大体理解个体对于环境、同胞、他所生活的社会以及一般生存挑战的态度。

性格特征并不像许多人认为的那样是遗传而来的，也不是天生就有的。它被当作一种类似于生存模式的东西，在无需有意识思考的情况下，使每个人都能过自己的生活和表达自己的个性。性格特征不是遗传力量或天性的表现，而是为了维持生活中的特定习惯而后天习得的。

只有以社会感的概念为标准，并以此来衡量个体的思想和行为，我们才能判断一个人。我们必须坚持这一立场，因为人类社会中的每个个体都必须肯定社会归属感。这一必要性使我们或多或少清楚地认识到我们对同胞所负的义务。

个体人格所表现出的任何明显特征肯定都与源于童年的心理发展方向相一致。这个方向可以是一条直线，也可以分流或者迂回。

我们公共生活中最重要和最有价值的基本论题是：人的性格从来不是道德判断的基础，而是他对周遭环境的态度以及他与所生活的社会的关系的指标。

第二章　攻击性性格特征

> 我们不想成为与众不同的人，也不想寻求这样的人。自然法则要求我们伸出双手，与同胞一起合作。

Ⅰ　虚荣和野心

在心理生活中，一旦追求认可占据了上风，就会引起一种更为严重的紧张状态。因此，个体对权力和优越感的追求变得越来越明显，他用强烈的暴力行为来实现这一目标，而他的生活变成对巨大胜利的期待。这样的人失去了现实感，因为他缺乏与生活的联系，总是受到别人看法的困扰，在意自己留给他人的印象。在这样的生活方式下，他的行动自由受到了非同寻常的限制，他最明显的性格特征就是变得虚荣。

从某种程度上来讲，每个人很可能都是虚荣的；然而，将虚荣展现出来却被认为是不好的行为。因此，虚荣心常常被伪装和掩饰，以至于它呈现出各种各样变化的形式。

举例来说，某种形式的谦虚从本质上讲就是虚荣。有些人可能非常虚荣，从来不考虑别人的意见；还有的人则会贪婪地寻求公众的认可，并利用它为自己谋利。

虚荣过分夸大到一定程度就会变得极其危险。虚荣会让个体陷入各种无用的工作和努力（它们更多涉及的是事物的**表面**而不是**本质**）当中，使他总是考虑自己或者至多只是考虑别人对他的看法，除此之外，它所造成的最大危害是早晚会使他与现实失去联系。他会渐渐无法理解人际关系，与生活的关系变得扭曲。他忘记了自己在生活中的义务，尤其是对生而为人所应当做出的贡献视而不见。没有哪一种恶习会像虚荣心这样如此巧妙地阻碍人的自由发展，它迫使个体在面对每一件事和每一位同胞时首先考虑的是："我能从中得到什么？"

人们习惯于用更好听的"雄心"替代虚荣或傲慢这些说法，以此帮助自己摆脱困境。很多人非常自豪地表示他们有多么雄心勃勃！"精力充沛"或者"积极活跃"这样的词也经常被替换使用。只要这种力量证明自己对社会有用，我们就会承认它的价值，然而，"勤奋""活跃""精力"和"进取"等通常不过是换种说法来掩饰不同程度的虚荣。

虚荣很快就会妨碍个体遵守规则。更常见的是，虚荣的人会干扰其他人，因此，不能满足自己虚荣心的人往往会努力阻止他人充分表现自己的生活。虚荣心处于形成过程中的孩子会在危险关头表现出他们的勇气，并且喜欢向弱小的孩子展示自己的强大。虐待动物就是一个很好的例子。另一些孩子在某种程度上感到气馁时，就会试图利用各种无法理解的琐碎手段来满足自己的虚荣心。他们会避开工作的主要问题，通过在生活上的某些受他们情绪支配的细枝末节上充当英雄来满足自己对意义的追求。总是抱怨生活痛苦、命运不公的人就属于这一类。他们总想让我们知道，如果不是受到过相当糟糕的教育或者遭遇其他不幸，他们如今肯定会成为最优秀的人。他们不断为没有接触到真正的生活前线寻找借口；或许，只有在他们自己创造的梦里，他们的虚荣心才能得到满足。

普通人会感觉自己无法与这些人相处，因为他不知道如何批判或者评价他们。虚荣的人总是知道如何把出错的责任推卸给别人。他们总是对的，别人总是错的。然而在生活中，谁对谁错无关紧要，唯一重要的是实现自己的目标并对他人的生活做出贡献。虚荣的人不会做出这种贡献，他们满口怨言，寻找借口和托词。他们试图利用人类心灵的各种花招，不惜一切代价地来维持自己的优越感，同时保护虚荣心不受任何侮辱。

有人经常反驳说，如果没有雄心壮志，人类的伟大成就将永远不会实现。这是一种错误视角下的错误观点。既然没有人能彻底摆脱虚荣心，那么每个人都在一定程度上是虚荣的。但是，虚荣心绝对不是决定个体行为以普遍效用为目标的原因，它也不会赋予个体实现伟大成就的力量！**这样的成就只能在社会感的刺激下才会实现**。天才的作品只有凭借其社会内涵才具有价值。在创作中存在任何虚荣都只会减损作品的价值，扰乱它的创造性；真正的天才作品很少受到虚荣心的影响。

然而，在当前时代的社会氛围中，我们不可能完全脱离某种程度的虚荣。认识到这一事实本身就是一笔宝贵的财富。有了这一认识，我们就触及了文明的一个痛处，这也是导致许多生活中只有伤害和灾难的人永久痛苦的因素。这些可怜的人无法与任何人相处，他们不能适应生活，因为他们所有的目标就是让自己比实际看上去更好。他们很容易陷入冲突之中，这并不奇怪，因为他们只关心自己在他人心中的评价。在人类最复杂的纠葛中我们发现，根本困难是有人无法满足自己的虚荣心。我们尝试理解复杂人性时的重要技巧就是确定虚荣的程度、它的活动方向以及它影响自身目的的手段。这样的理解总会揭示出虚荣对于社会感有多大的危害。虚荣心无法与对同胞的感情共存。这两种性格特征永远不能结合，因为虚荣心绝不允许自己服从社会准则。

虚荣的命运就在它自身。虚荣的发展经常受到公共生活中合理反对的威胁。社会和公共生活是不可被挫败的绝对原则。因此，处于发展早期的虚荣心不得不隐藏和伪装自己，通过迂回来达到它的目的。有的人成了虚荣的牺牲品，他们总是严重怀疑自己是否有能力取得虚荣心所要求的胜利；在他们做梦和思考的时候，时光飞逝。时间流逝之后，虚荣的人便有借口说自己根本就没有展示能力的机会。

在通常情况下，虚荣的形成过程是这样的：个体寻求特权地位，让自己远离生活，并在一旁观察他人的行为，怀疑每一个同胞都是自己的敌人。虚荣的人必须同时担任进攻和防守的角色。我们常常发现他们深陷怀疑之中，纠结于一些看似合乎逻辑的慎重考虑，使得自己表面上看起来是正确的；但是在考虑的过程中，他们浪费了重要机会，失去了与生活和社会的联系，放弃了每个人都必须完成的任务。

更仔细地观察他们，我们就会看到虚荣的背景，对征服一切人和事物的渴望，它呈现自身的形式千变万化。在他们的态度、着装、说话方式以及与他人的交往中，这种虚荣是显而易见的。简而言之，无论在哪里，我们都能发现虚荣以及有野心的人，他们在引导自身走向优越感的手段上别无选择。由于这种外在表现并不令人舒服，所以虚荣的人如果足够聪明，并且意识到他们与自己所否认的社会之间的距离，就会尽力掩饰虚荣的外在迹象。因此我们可以发现，表面上谦虚的人几乎不会关心自己的外表，为的就是表明他不是虚荣的人！据说，苏格拉底曾对登上讲坛的一个穿着破旧的演讲者说："雅典的年轻人，你的虚荣心都从衣服上的窟窿里露出来了！"

有些人深信他们并不虚荣。他们看到的只是表面，因为他们知道虚荣存在于内心的更深处。例如，虚荣会表现为，一个人总是要求在他的社交圈里占据整个舞台，他必须总是有发言权，或者根据他受到瞩目的程度去判断社交聚会的优劣。与之同类型的另一种人则从来不进入社交，而且尽量避免进入社交圈子。这种对社交的逃避可能会以各种方式表现出来：不接受邀请，故意迟到，或者在来访之前强迫主人讨好和奉承自己，这些都是虚荣的伎俩。而有的人只在非常明确的条件下才会进入社交圈，他们变得极为"孤傲"以显示自身的虚荣心，自豪地认为这是值得称赞的品质。还有的人希望参加**所有**社交聚会，这也是一种虚荣的表现。

不要认为这都是无关紧要的细节，它们就深深植根于心灵之中。在现实中，因为虚荣而犯错的人，他的人性中几乎没有什么社会感；他更有可能成为社会的破坏者。只有伟大作家的创造力才能完全描绘这些类型的所有变化，我们只能设法对它们进行概括说明。

一切虚荣所具有的动机都表明，虚荣的人设立的是他一生都无法实现的目标。他希望超越世界上所有的人，这正是他的缺陷感造成的。我们可能会怀疑，任何具有强烈虚荣心的人几乎都感觉不到自己的价值。有些人可能意识到，虚荣心是从他们缺陷感逐渐增强的时候开始形成的，但是，除非他们充分利用自己的知识，否则即便是意识到了，也无济于事。

虚荣心很早就开始形成了。虚荣心通常都有一些不成熟的成分，因此，虚荣的人总是给人以幼稚的印象。决定虚荣心发展的情况各不相同。例如，孩子感到自己被忽视了，由于缺乏适当的教育，他感觉自己渺小得令人难以忍受，十分压抑。有的孩子则会因为家庭传统而变得有些傲慢。可以肯定的是，他们的父母也会摆出这种"贵族"姿态，显得自己与众不同并引以为傲。

然而，这种态度下潜藏的只是这样的企图：试图把自己当成一个特别孤傲、不同于所有其他人的人，生在一个比其他家庭都要"更好"的家庭里，获得了"更好"的感受力，并且凭借这样高贵的血统而注定可以在生活中保持某种特权。追求这种特权也为生活指明了方向，决定了某种行为类型及其表现形式。由于生活对于这种类型的发展很少是有利的，这种追求特权的人要么受到反对要么遭到嘲笑，所以他们当中很多人都胆怯退缩，选择了隐士或者怪人的生活。他们只要待在家里，就不用对任何人负责，于是他们能保持在自我陶醉中，并且坚信如果情况不是现在这样，他们可能早已实现了自己的目标，他们的态度从而得到强化。

这种类型中偶尔会出现一些有能力的重要个体，他们使自身发展到了最高的程度。如果衡量他们的才能，我们可能会认为他们具有一定的价值，但是他们滥用自己的能力以进一步自我陶醉。他们为与社会的积极合作设定了难以满足的条件。例如，他们可能会适时提出无法实现的条件，指出他们**过去常**做什么，**曾**学过什么，**曾**知道其他什么；他们还会找借口，说根据自己的想法别人**曾**做过或者**不曾**做过什么。他们的条件可能会由于更多无常的原因而无法得到满足。例如，他们坚称，如果男人是真正的男人，或者女人不是她们那个样子的话，那么一切都会变好。但是，即使出于最良好的意图，这样的条件也无法得到满足！因此，我们可以肯定，这实际上不过是他们为懒惰而寻找的借口，这些借口作用相当于催眠或者麻醉药物，使人们不必去思考浪费掉的时光。

这些人内心存在强烈的敌意，他们往往轻视别人的痛苦和悲伤。这就是他们获得优越感的方式。拉罗什富科[1]对人性非常了解，在谈到大多数人时，他说："他们能轻易地忍受别人的痛苦。"社会敌意往往表现出一种尖锐的、批评性的态度。这些社会的敌人永远在指责、批评、嘲笑、评判和谴责世界。他们对一切都不满意。但是，仅仅认清并谴责坏的一面是不够的！我们必须扪心自问："我都做过什么来改善这种情况？"

虚荣的人满足于通过计谋让自己超越他人，并用尖锐的批评来腐蚀他人的性格。毫不奇怪的是，这些人在这方面已经有了卓越的实践和训练，所以偶尔会发展出一种精

1　拉罗什富科（1613—1680），法国作家。

微的技巧。在这些人当中可以发现最聪颖的个体，他们具有非凡的机智和敏捷，可以妙语连珠。他们可以像利用其他任何东西一样借机智和敏锐的感知能力来胡作非为，还能像讽刺作家一样，用它来取笑和使坏。

这种不断批评、贬损他人的行为是一种普遍的性格特征的表现。我们称之为贬低情结。它实际上表明，虚荣的人攻击的关键就是同胞的价值。通过贬低同胞，他们营造出自身的优越感。承认他人的价值就等于是在侮辱虚荣者的人格。单从这个事实我们就可以得出非常重要的结论，并了解到这种软弱和缺陷感是如何深深植根于虚荣者的人格之中的。

既然没有人能完全摆脱这种性格，那么我们就要好好地利用这次讨论来为我们的行为设立标准，即使我们无法在短时间内根除几千年传统对我们的影响。尽管如此，只要我们没有让自己受到蒙蔽，陷入那些最终会造成损害与危险的偏见之中，这就是我们的进步。我们不想成为与众不同的人，也不想寻求这样的人。自然法则要求我们伸出双手，与同胞一起合作。在这样一个需要频繁合作的时代，追求个人虚荣心已经没有了容身之地。正是在这样一个时代，虚荣的人生态度所引发的矛盾显得尤为突出和愚蠢，我们每天都会看到虚荣所导致的失败，它最终令虚荣者本人受到社会的严厉谴责，或者使他们需要社会的同情。现如今，没有什么比虚荣更令人反感的了。我们所能做的至少是寻找更恰当的虚荣形式和表现，这样一来，我们即使不得不虚荣，至少也会朝着人类共同利益的方向去虚荣！

下面这个例子很好地说明了虚荣心的动力。有一位年轻女子，她是几个姐妹中最小的一个，生来就受到娇惯。母亲日夜不停地照顾她，满足她一个又一个要求。在这样的关爱下，这个年幼体弱的孩子的要求得寸进尺，难以估量。有一天她发现，母亲生病的时候就会对周围的人作威作福；于是，年轻女子很快就明白了，生病是一种非常有价值的手段。

她很快就忍受住了健康的人面对疾病感受到的不快，而且身体的不适对她来说并没有不舒服。很快，她就学会了很多让自己生病的技巧，以至于她只要想生病，尤其是一心想实现某种特殊目标的时候，就能轻易病倒。不幸的是，她总是渴望达成一些特殊的目的，考虑到她所处的环境，结果她患上了慢性疾病。这种"疾病情结"在儿童和成年人身上的表现是多方面的，他们感到自己的权力在增长，能够占据家庭的中心位置，凭借疾病可以对家人行使无限的支配权。这些软弱的人通过这种方式获得权力的可能性是巨大的，因为他们已经体味到了亲人对他们健康的关心，所以自然会找这样的方式来获得权力。

在这种情况下，个体可以使用一些辅助手段来达到目的。例如，起初他不让自己吃饱；他看起来气色很糟，于是全家竭尽全力为生病的成员提供美味佳肴。你瞧，效果立竿见影，跟变戏法似的！在这个过程中，个体渴望得到别人侍奉的愿望就发展起来了。这类人无法忍受孤独。他们只要让自己生病或处于危难之中，就能获得亲人的关注。所以，让自己面临危险的处境或者患上某些疾病，可以很容易达成这一点。

我们将与某种事物或者情况产生共鸣的能力称为共情。这在我们的梦中得到了很好的证明，在梦中，我们感觉**好像**一些具体情况确实发生了。具有"疾病情结"的受害者一旦展开获取权力的攻势，就很容易制造出一种令人不舒服的感觉，他们如此聪明，以至于没有人会说这是说谎、歪曲或者想象。我们非常清楚，对一种情况的共情会产生与该情况实际存在时相同的效果。我们知道，这些人确实会呕吐或者产生真正的焦虑，就好像他们真的感到恶心或者处于危险之中一样。通常，他们通过产生这些症状来暴露自己。例如上述这位年轻女子，她声称自己偶尔会有一种恐惧感，"好像随时都会中风"。有的人能够身临其境地想象一件事，以至于他们真的会失去平衡，而没有人能说这只是想象或假装。这些疾病的拥护者需要的只是利用生病迹象或者至少是所谓的"焦虑"症状给周围的人留下深刻的印象。从此以后，对当时状况印象深刻的人肯定都会站在"病人"的一边，关心并照顾他的身体。同胞的疾病考验的是每一个正常人的社会感。而我们刚才描述过的那一类人却滥用了这一事实，并以此构成他们权力感的基础。

社会和公共生活的规则需要我们为同胞考虑，在这种情况下，对这些规则的反对就会变得非常明显。通常我们会发现，上述这类人无法理解同胞的痛苦或者幸福。对于他们来说，很难做到不损害周围人的权利；帮助别人完全超出了他们自身的利益。有时，他们可能会调动一切知识和文化，付出巨大努力来取得成功；更多的时候他们只是在表面上为同胞的利益而努力。从本质上讲，他们所做的一切都基于自恋和虚荣。

当然，我们前面提到的年轻女子也是如此。她对家人表现出无微不至的关心。如果母亲迟到半个小时把早餐送到她的床上，她会就感到焦虑和担心；在这种情况下，她只有叫醒丈夫，强迫他弄清楚母亲是否发生意外，才会感到满意。随着时间的推移，母亲习惯于准时端着早餐出现在年轻女子的面前。她丈夫也经历了同样的情况。作为商人，他不得不在一定程度上为自己的客户和生意伙伴着想，但是只要他晚到家几分钟，妻子就会处于崩溃的边缘，焦虑得发抖，浑身大汗，痛苦地抱怨自己被可怕的忧虑和不祥的预感所折磨。可怜的丈夫只能像她的母亲一样，坚持按时回家。

许多人会提出反对，认为这名女子并没有从自己的行为中获益，这在现实中算不上什么重大胜利。必须记住，我们所描述的只是整体中的一小部分；她的病是一个危险信号，告诉我们："要小心！"它是她生活中一切关系的指标。通过这个简单的花招，周围人都被动接受了她的训练。虚荣心在满足她对支配周围环境的无限渴望中起着至关重要的作用。想象一下，这样一个人为了完成她的目标必须等待多久！在意识到她为自己的态度和行为所付出的巨大代价之后，我们就可以肯定，它们已经成为她的绝对**必需品**！除非人们无条件地、准时地遵守她的话，否则她无法平静地生活。但是，婚姻并不仅仅在于丈夫的守时。其他各种关系也是由这个女人强制性的行为所决定的，她已经学会如何利用焦虑状态来强化她的命令。她看似非常关心他人，但是每个人都必须无条件地服从她的意愿。我们只能得出一个结论：她对他人的关心是满足自身虚荣心的一种手段。

我们不难发现，这种性质的心理态度并不罕见，即一个人意志的实现比他想要的东西更为重要。我们来看一个六岁小女孩的例子。她非常自私自利，只在乎满足自己大脑中在某个时刻突然出现的奇怪念头。她的行为渗透着一种欲望，那就是要在征服同胞的过程中展示自己的力量。这种征服通常是她行为的结果。母亲很想与她保持良好的关系，有一次原本想用她最喜欢的甜点给她一个惊喜。母亲对她说："我带了这个甜点给你，我知道你非常喜欢它。"小女孩把盘子摔在地上，一边用脚踩踏蛋糕，一边大声喊道："因为是**你**给我的，我就不想要了，我只在**我**想要的时候才会要。"还有一次，母亲问女孩午餐的时候喝咖啡还是喝牛奶。小女孩站在门口，清晰地咕哝道："如果她说咖啡，我就要牛奶；如果她说牛奶，我就要咖啡！"

这个孩子直接说出了心里话，然而同一类型的许多孩子并不会把自己的思想表达得这么清楚。也许每个孩子在某种程度上都有这种特质，并且竭尽全力实现自己的意愿，即使他无法获得什么，甚至可能会因为自行其是而遭受痛苦和不快乐。在很大程度上，这些孩子已经发展出了我行我素的特权。目前，这种机会并不难找到。因此，在成年人中，比起希望帮助同伴的人，渴望自行其是的人其实更多。有些人过分虚荣，甚至做不到别人对他们提出的任何要求，哪怕是世界上最自明的而且真正关系到自己幸福的事情。这些人不等别人发言完毕就提出自己的反对意见。还有一些人，他们的意志是由虚荣心激发出来的，以至于他们虽然心里想着"是"，嘴上却说"不"。

只有在自己家里，我们才有可能为所欲为，然而即使在家里也不总是能如此。许多人在与陌生人接触时都会表现出和蔼温顺的态度。然而，这种关系持续的时间不会很长，很快就会破裂，而且即使确有对此的寻求，也很罕见。生活正是如此，人们不断地聚在一起，所以不难找到那种人见人爱的人，然而一旦赢得人心，他就会弃它们于不顾。许多人尽力将自己的活动范围限制在家庭生活的圈子里。我们的患者也不例外。由于她性格讨喜，外人都知道她是个可爱的人，都很喜欢她，但是只要离开家，她马上就会返回。她会用尽一切办法表示自己想回家。如果参加聚会，她就会声称头疼（因为在任何社交聚会上，她都感觉无法像在家里那样维持自己的绝对权力），不得不回家休息。因为这名女子无法解决她生活中的主要问题，也就是满足她的虚荣心，所以在家庭生活中心以外的地方，她不得不略施一些手段，在必要的时候能够回到自己的家里。每次待在陌生人中间，她都感到焦虑和紧张。不久之后，她就不去剧院了，后来甚至连大街上也不去了，因为她觉得整个世界都不能服从她的意愿。她所渴望的状态在家以外的地方，尤其在大街上是无法实现的，因此她宣布，除非有"宫廷"成员的陪同，否则她不会走出家门。而她所钟爱的理想情况就是：始终被关心她幸福的人包围。考察表明，她从小就有这样的习惯。

她是最年轻、最虚弱、最多病的人，需要更多的宠爱和照顾。她抓住并利用了自身娇生惯养的处境，如果不是碰触到了与这类行为截然对立的生活状况，她会不惜一切代价将这一状态维持下去。她的不安和焦虑状态非常明显，甚至暴露了她在解决虚荣心问题上走了弯路的事实。这种解决问题的方式是不够的，因为她不愿意屈从于社会生活的条件。最后，她由于无力解决这个问题而变得如此痛苦，不得不寻求医生的帮助。

现在，我们要揭开她多年来精心构建的她生活的整个上层建筑。尽管表面上她向医生求助，但是由于本质上不准备改变，所以她必须克服巨大的阻力。她真正想要的是继续像以前那样在家里随心所欲，而不必承受出门所带来的焦虑状态。但是，如果要随心所欲，就必然承受焦虑！她被告知自己是如何被无意识的行为所禁锢的，她既想享受这一行为的好处，又想避开它所带来的问题。

这个例子非常清楚地表明，巨大的虚荣心在人的一生中是持续存在的负荷，会抑制个体的全面发展，并最终导致他的崩溃。患者只要仅仅注意到虚荣带来的好处，就无法清楚地看待这整个问题。因此，许多人认为他们的雄心（确切地说是虚荣心）是一个有价值的特征，因为他们不知道，这种特征常常使人变得贪得无厌，甚至会剥夺他的休息和睡眠。

我们再用一个例子来证明这一观点。一个二十五岁的年轻男子原本应该参加期末考试。但是他并没有去考，因为他突然对这门学科完全失去了兴趣。在这种令人不愉快的情绪下，他妄自菲薄，满脑子都充斥着这样的想法，以至于最终无法参加考试。他童年时的回忆都是对父母的强烈谴责，父母对他的成长缺乏了解，明显耽误了他的发展。当他处于这种情绪时，他认为所有的人都毫无价值，他对他们丝毫不感兴趣，于是，他成功地将自己孤立了起来。

虚荣心证明自己是一种驱动力，它不断为他提供托词和逃避检验自身能力的借口。现在，就在期末考试前夕，他被这些难以控制的想法打倒了，被自身欲望的缺乏和怯场所折磨，这致使他完全无法参加考试。所有这些对他来说都是极其重要的，因为就算他没有取得任何非凡的成就，他也保全了自己的"人格感"，即他对自身价值的感受。他总是把它当作救生用具一样随身携带！有了它，他就是安全的，他会将自己的无所作为归结为疾病和命运的错误，并用这样的想法来安慰自己。在这种态度中，我们看到的不过是虚荣的另一种形式，它会阻止个体接受考验。它会让个体在决定自己能力的关键时刻选择回避。一想到可能会在失败中失去所有荣耀，他就会开始怀疑自己的能力；他已经知道那些永远不相信自己能做出决定的人的秘密！

我们的患者就属于这类人。他的自我报告表明，他事实上一直都是这类人。每当需要做出决定时，他就会犹豫不定，优柔寡断。由于我们只关注运动和行为模式的研究，所以在我们看来，这个态度表示他希望停止，阻止自己的进步。

他是家中的老大，也是唯一的男孩，有四个妹妹。此外，他也是唯一被指定上大学的人。可以说，他是家中的重点人物，大家对他抱有极高的期望。父亲总是不失时机地激发他的雄心壮志，并且不厌其烦地告诉他将来要完成的伟大事业。这个男孩渴望超越世界上的所有人，并以此作为永远的目标。现在，他的内心充满犹豫和焦虑，不知道自己是否真的能完成他所期待的事情。这时，虚荣心拯救了他，为他指明了退路。

这就表明了，在野心勃勃的虚荣心的发展过程中，对进步的遏制是如何发生的。虚荣心与社会感相抗衡，人们无法逃离它们之间的战斗。尽管如此，我们还是可以观察到，虚荣如何从童年早期就不断地破坏他们的社会感，并且让他们走上自我孤立的道路。他们让我们想起了这样一类人，他们根据自己的幻想，想象一个陌生城市，然后带着想象中的计划在城市里四处寻找自己幻想中的建筑物。他们自然是永远也找不到的！于是，他们便谴责无辜的现实。这是自负、虚荣之人的大致命运。他试图运用权力，或者通过诡计和背叛，在与同胞的所有关系中实现自己的原则。他寻找机会证明别人是错误的，而且正在犯错。当他成功证明（至少他认为自己做到了）自己比其他同胞更聪明或者更优秀的时候，他就会感到快乐。但是，他的同胞不会在意他，他就按照他的标准进入了战斗。战斗中有失败也有胜利，但是当它结束时，虚荣的人会深信他自身的正确性和优越性。

这些都是低劣的伎俩，任何人都可以通过它们想象自己愿意相信的一切。因此，就像在我们的例子中，一个人本应该好好学习，认真读书，或者接受一次考试来检验他的真正价值，但他渐渐在用来看待所有事情的错误视角中意识到了自己的各种缺陷。他过分估计了形势，认为自己的人生的全部幸福和全部成就都处于危险之中。那么，他必然会陷入一种难以忍受的紧张状态。

对他来说，所有其他的接触都非常有价值，每一次交谈，每一句话，都是从他自己的胜利或失败的立场来评价的。这是一场持续不断的斗争，最终将把以虚荣、野心、错误的希望作为自己的生活行为模式的个体推向新的困境，并剥夺他生活的真正幸福。只有在种种生活条件得到确保时，一个人才能拥有幸福，但是，当这些**真正的**不可回避的条件被推到一边时，他就阻碍了自己通往幸福和快乐的一切道路，也不会帮助别人获得满足和幸福。他所能做到的最好的事就是幻想自身的优越感，并让自己凌驾于他人之上，尽管事实上他发现这些根本没有实现。

如果他真的拥有这样的优越感，肯定会有相当多的人愿意与他竞争。对此没有解决方法。谁也不能被迫承认他人的优越性。剩下的就只有这个可怜人对自己神秘而不确定的判断。当一个人陷入这样的生活模式时，他就很难与同胞接触，也很难取得真正的成功。这场比赛中没有赢家！所有人都会受到攻击和伤害。他们的痛苦责任就是要永远让自己**看起来**伟大和卓越！

当一个人通过服务他人来为自己赢得声誉时，情况就完全不同了。这时，他的荣誉是自行到来的，即便有人反对，他们的反对也没有什么分量。他可以默默拥有这份荣誉，因为他没有将一切都倾注在虚荣心上。起决定性作用的是利己主义的态度和对提升自身人格的不断追求。虚荣的人总是在要求和索取。将虚荣的人和其他具有成熟社会感的人做对比，我们就会立刻看出性格和价值方面的巨大差异，后者在生活中总是思考这样的问题："我能给予什么？"

因此，我们得出了人们几千年来一直明白的结论。用《圣经》中的名句来说就是："施比受更有福。"如果反思这句体现了人性伟大经验的话，我们就会认识到，这里所指的就是一种给予的态度和意愿。正是这种给予、服务和帮助的意愿，给人带来了某种补偿和心理的和谐，就像上天的恩赐一样，它扎根于给予者的身上！

另一方面，贪得无厌的人通常是不满足的，为了获得幸福，他们只会想到他们还必须获得与拥有的东西。贪心的人从来不会注意到他人的需求和需要，对于他们来说，他人的不幸是一种乐趣，他们无法与生活和解或者和平共处。他要求别人坚定服从自身利己主义所制定的规则。他要的是一个与现实世界不同的天堂，一种不同的思考和感觉方式。简而言之，他的不满足和不道德与他其他的性格特征一样恶劣。

我们在衣着引人注目或借衣着突出自身重要性的人身上发现了另外一种更为原始的虚荣心，为了表现出华丽夺目的样子，他们把自己打扮得像个猴子，就好像拥有某种程度的自豪和荣誉的原始人会在头发上插一根特别长的羽毛，试图让自己光彩照人。很多人认为穿着漂亮或符合最新的流行时尚最能产生满足感。这类人身上的各种装饰品表明了他们的虚荣心，就像某些徽章、挑衅的标志或者武器一样，真正的目的在于吓跑敌人。有时，这种虚荣心是通过情爱的象征或者在我们看来非常轻浮的文身来表达的。在这些情况下，我们会察觉出，个体正在努力给人留下印象，尽管他只有通过不知羞耻的行为才能达到目的。这些行为给予一些人优越感；其他人通过表现出冷酷、残忍、顽固或者孤立也会产生同样的感觉。事实上，这些人更有可能是温柔的，而不是蛮横无理，他们的野蛮行为只是一种姿态。尤其在男孩身上，我们会发现一种表面上的情感缺乏，实际上这是对社会感的敌视态度。受这种虚荣心驱使的人总想让别人受苦，如果有人恳求他们表现出美好的情感，他们会觉得受到了侮辱。这种恳求只会使他们的态度变得强硬。我们已经看到过这样的情况：父母对孩子诉说他们的痛苦，孩子却从他们的悲伤中获得了一种优越感。

我们已经注意到，虚荣心喜欢掩饰自己。妄想统治别人的人为了把别人束缚在自己身边，必须先抓住他们。因此，我们绝不能被一个人表现出的和蔼、友好和乐于交往的态度所蒙蔽，也绝不能上当受骗，以为他不是那种为了保持个人优越性而征服他人的挑衅者。在这场斗争中，虚荣的人在第一阶段会向对手做保证，哄骗他，使他失去警惕。此时，他友好的态度很容易让人相信他具有强烈的社会感。到了第二阶段，虚荣之人的面纱被摘掉之后，我们就会看清自己的错误。这些人令我们失望至极。我们认为他们有两个心灵，但是实际上只有一个心灵，它以友好的方式靠近我们却导致痛苦的结局。

这种接近他人的技巧可能会发展成一种"捕捉灵魂"的活动。很显然，这种活动的特点是全神贯注，自身就构成某种胜利。这些人张口闭口离不开人性，似乎在行动中表现出对同胞的爱。然而，这通常以情感外露的方式出现，以至于真正了解人类心灵的人会变得谨慎起来。一位意大利犯罪心理学家曾经说过："当一个人的理想态度超出一定限度时，当博爱在他的人性中占据了过于明显的比例时，我们就可以怀疑他了。"当然，我们对这句话持保留态度，但可以肯定的是，这种观点是合理的。一般来说，我们很容易地就能识别这种人。并非所有人都乐于接受奉承。很快它就会令人感到不适，大家都会开始提防用这种方式阿谀逢迎的人。我们倾向于禁止野心勃勃的人使用这种方法。最好选择使用不同的方法和更温和的技巧！

我们已经在本书第一部分介绍了一些常见的导致正常的心理发展发生偏离的情况。从教育的角度来看，我们的困难在于，在这些案例中，我们面对的是对周围的人采取挑衅态度的孩子。即使教育者知道自己的职责，这些职责深深地根植于他生活的逻辑中，他也不能把这个逻辑强加给孩子。唯一可行的办法似乎是尽可能避免任何敌对的局面，尽量把孩子视为**主体**，而不是被动接受教育的**客体**；就好像他完全是一个成年个体，与教育者地位相同。这样的话，孩子就不容易误以为自己有压力或者被忽视，进而与教育者进行斗争。从这种斗争的立场出发，我们文化中错误的野心在很大程度上体现了我们思想、行为和性格的特征，它会在不自觉的情况下发展，先是由于日益纠结的关系而造成人格的失败，最终导致个体的彻底瓦解。

童话故事是我们学习如何理解人性的一大资源宝库，它给出了许多例子，向我们展示了虚荣心的危险。在此，我们要重温其中一个故事，它以一种特别极端的方式说明，纵容虚荣肆无忌惮地发展将如何导致人格的自我毁灭。这个故事就是汉斯·克里斯蒂安·安徒生的《醋罐》。故事是这么说的：一个渔夫将他捕获的鱼放归大海，鱼出于感激允诺帮他实现一个愿望。渔夫的愿望实现了。然而，渔夫有一个贪得无厌、野心勃勃的妻子，她要求渔夫更改之前微小的愿望，先把她变成公爵夫人，然后是女王，最后是上帝！她一次又一次地让丈夫向鱼许愿，直到鱼被最后的请求激怒，丢下渔夫，再也没有回来。

虚荣心和野心的发展是没有限度的。有趣的是，在童话故事以及在虚荣者狂热的心理追求中，对权力的追求会表现为渴望成为类似于上帝的理想存在。我们不必花大力气就能找到这类虚荣的人，他们表现得好像自己就是上帝（这只在最严重的情况下才会出现），或者自己仿佛是上帝的副手，或者他表达出只有上帝才能实现的愿望或欲求。这种向往接近上帝的表现是一种极端倾向，它存在于他所有的活动中，相当于一种将自身投射到个人界限之外的渴望。

在我们的时代，这种倾向的迹象很多。大量对招魂术、通灵研究、传心术等类似事物感兴趣的人迫切希望超越常人的界限，渴望拥有超出人类的力量，超越时间和空间，和幽灵以及亡者的灵魂交流。

我们进一步研究就会发现，很大一部分人倾向于在上帝身旁为自己觅得一小块容身之地。还有许多学校的教育理念就是成为类似于上帝的人。在过去，这确实是一切宗教教育的理想。我们只能用惊恐来见证这种教育的结果。现在，我们必须寻找一种更合理的理想。但是，我们完全可以想象，这种倾向已经深深植根于人类的内心中。除了心理上的原因之外，事实上大部分人对于人类本性的最初概念都是从《圣经》中获得的，它宣称人是以上帝的形象被创造出来的。可以想象，这样一个概念在孩子的心灵中会产生怎样重要而又危险的后果。当然，《圣经》是一部美妙的作品，在判断力成熟之后，我们可以不断地品味和重新阅读，并惊讶于它的远见卓识。但是，我们不要把它直接教给孩子，至少不要不加评论就教给他们，这样孩子就会懂得知足，不会去设想任何神奇的力量，不会要求人人都成为他的奴隶，仅仅因为他觉得自己是按照上帝的形象创造的！

与这种对成为类似于上帝的人的渴望密切相关的是童话般的乌托邦理想，在那里，所有的梦境都会成真。孩子们很少指望这种童话故事的真实性。然而，如果我们认识到孩子们对魔法的极大兴趣，就会知道他们是多么容易受到诱惑，沉溺于这种幻想之中。有的人对于魔法及其对他人的影响深信不疑，也许在长大之后也不会改变。

在这一点上，也许没有哪个男人的思想能完全摆脱这种迷信：女人对男人有着魔法般的影响。我们可以发现，许多男人表现得就好像自己正处在伴侣魔法般的影响之下。我们可以回溯比如今更加坚信这种迷信的时代。那个时候，女性一直处于随随便便就可能被当作女巫或巫师的危险之中，这种偏见就像噩梦一样笼罩着整个欧洲，并在一定程度上决定了欧洲几十年的历史。如果有人记得因为这种谬见而遇害的一百万名妇女，那他就不能再简单地认为这个错误没有危害，而必须将这种迷信的影响与异端审判乃至世界大战的恐怖相提并论。

那些追求接近上帝的人中，有的人滥用自己对宗教的渴望来满足自己的虚荣心。我们只能说，对于遭受精神重创的人来说，远离其他人以及与上帝进行私人对话是相当重要的！这样的人认为自己非常靠近上帝，由于他虔诚的祈祷和正统的仪式，上帝有义务亲自关心他的福祉。通常这样的把戏根本就不是真正的宗教，它给我们的印象是纯粹心理上的病态。有人表示，除非确实做了祈祷，否则他无法入睡，因为如果他没有把这份祈祷传达给上天，那么某处就会有人遭遇不幸。想要理解这种不堪一击的说法，就必须对它做出一些否定推论并加以解释。在这种情况下，"如果我认真祈祷，某个人就不会受到伤害"就是这样的命题。这就是我们可以轻易获得伟大的魔力的方式。通过这个小小的伎俩，一个人真的会在某个特定的时间成功转移另一个人生活中的不幸。在这些宗教人士的白日梦中，我们可以找到类似的行为，它们超出了人类的尺度。在这些白日梦中，我们可以看到空洞的手势和勇敢的行为，它们都很难真正改变事物的本质，但是在做梦者的想象中，它们成功地阻止了他与现实的接触。

在我们的文明中，有一种看似具有魔力的东西，那就是金钱。许多人相信可以用钱办到自己想要做的任何事情。因此，他们的野心和虚荣心只与金钱和财富有关也就不足为奇了。他们为了获得世俗财富而不断努力的原因也完全可以被理解。在我们看来，这称得上是病态的行为。试图通过聚积财富来产生某种假想的魔力，这是虚荣的又一种表现。有一个非常富有的人，他已经拥有足够多的财富，但依然追逐金钱，在出现妄想的症状后他承认："是的，你知道那（金钱）是一种不断诱惑我的力量！"这个人明白了这一点，然而许多人不敢这么想。如今，拥有权力与拥有金钱和财富是密切相关的，而在我们的文明中，为金钱与财富而奋斗似乎成为了人们的本能，以至于没有人发现，许多一味追求金钱的人都受到了虚荣心的驱使。

最后，我们要再举一个例子，这个例子包含了之前讨论过的每一个方面，同时让我们了解到，虚荣心在青少年犯罪中也起着重要的作用。案例涉及一对姐弟。弟弟毫无天赋，而姐姐以才干过人著称。当无法再与姐姐竞争的时候，弟弟放弃了抗争。尽管每个人都试图帮助他消除生活中的障碍，他还是被挤到了不显眼的位置。与此同时，他肩负着沉重的负担，这似乎意味着他在表面上承认了自己没有天赋。从童年早期开始就有人教导他，说姐姐总是能轻松战胜生活中的困难，而他只适合做微不足道的事情。这样一来，由于姐姐表现出色，所以人们自然而然地认为他能力不足，然而事实并非如此。

他心怀沉重的负担去上学，变成了具有悲观倾向的孩子，不惜一切代价避免别人发现和承认自己的无能。随着年龄的增长，他开始渴望不再被继续当作愚蠢的男孩，而是一个真正的成年人。十四岁那年，他便经常参与成人之间的社交活动，但是内心深处的自卑感就像一根刺一样时刻提醒他去思考如何扮演一个已经成年的绅士。

有一天，他走上了嫖娼之路，从那之后就一直沉迷其中。嫖妓需要大量的资金，但是他为了保全自己的成人形象不肯向父亲讨要金钱，于是只要觉得需要他就会盗取父亲的钱财。他一点也不为偷盗的行为感到痛苦，他觉得自己掌管着父亲的钱财，有点成年人的样子了。这种情况一直持续着，直到有一天他的学业面临严重威胁。留级表明了他的无能，可他却不敢公开承认。

接着发生了如下事件：他突然感到了悔恨和痛苦，这不幸干扰到了他的学习。这一伎俩改善了他的处境，即使他现在失败了，他也有借口面对世界。他为自己的悔恨痛苦至极，不论是谁处于这样的情况都无法安心学习。同时，高度的分心妨碍了他读书，因为他不得不考虑其他的事情。一天就这样过去了，夜幕降临，他去睡觉的时候想着自己已经竭力去学习了，尽管他对功课根本没有上心。接下来发生的事情也帮助他继续扮演自己的角色。

他不得不早早起床。结果，他整天昏昏欲睡，疲惫不堪，对自己的工作漫不经心。我们当然无法要求这样的他和姐姐竞争！现在我们不能怪他缺乏天赋，要怪就怪伴随着他的毁灭性现象，悔恨和良心的痛苦使他不能静下心来。最后，他简直是全副武装，没有任何事可以侵扰他。如果他失败了，大家都会觉得情有可原，没有人会说他没有天赋；如果他成功了，就证明了他的能力，这种能力本没有人会承认。

当看到有人施展这种伎俩时，我们可以肯定它们的背后就是虚荣。在这个案例中，我们可以看到，一个人为了避免所谓的缺乏天赋被人发现，甚至可以在很大程度上将自己置于危险的犯罪之中。野心和虚荣在生活中就会产生这样的麻烦和副作用。它们剥夺了所有坦诚和所有真正的快乐，剥夺了生活中所有真正的愉悦和幸福。仔细审视之后便会发现，起因只不过是一个愚蠢的错误！

Ⅱ 妒忌

妒忌是一种性格特征，因为它非常常见，所以值得注意。妒忌不仅出现在爱情关系中，还出现在其他所有人际关系中。因此，我们发现，在童年时期，孩子试图超越别人，就发展出了妒忌；同样的孩子也可能发展出野心，并用这两个特征来表明他们对世界的挑衅态度。妒忌是野心的姐妹，它源于被忽视和被歧视的感觉，这种性格特征可能会终生伴随一个人。

几乎所有孩子都会产生妒忌的心理，因为家中出现了抢走父母更多关爱的弟弟或妹妹，年长的孩子感觉自己就像一个退了位的国王。对于那些在弟弟妹妹出生前一直享受父母关爱的孩子来说，妒忌的感情尤为强烈。一个小女孩到她八岁那年总共犯下三起谋杀案，这一案例就说明妒忌的感觉可能会达到怎样的程度。

这个小女孩发育有点迟缓，身体娇弱，所以不能参与任何劳动。因此，她的境况相对愉快。然而好景不长，当她六岁的时候，妹妹出生了。她的心灵发生了彻底转变，她总是怀着无情的仇恨欺负妹妹。父母对她的行为很是不解，于是对她非常严厉，试图要她对每一个错误行为负责。有一天，一个小女孩被人发现死在了小溪里，而这条小溪正好流经这家人居住的村庄。过了一段时间，另一个女孩也被发现溺水身亡。最后，就在我们的患者将第三个孩子扔进水里的那一刻，她被抓住了。她承认了自己的罪行，并被送进精神病院接受观察，后来被送到疗养院接受进一步的教育。

在这个案例中，这个小女孩将对妹妹的妒忌转移到了其他孩子身上。值得注意的是，她对男孩没有敌意，似乎她在这些遇害孩子的身上看到了自己妹妹的影子，她试图在杀人的过程中满足因为自己被忽视而产生的强烈的复仇欲望。

当一个家庭中有兄弟姐妹存在的时候，更容易产生妒忌的心理。众所周知，在我们的文明中，女孩的命运是不怎么吸引人的；看到弟弟出生之后受到更热烈的迎接，被给予更多的关心和尊重，得到各种好处，而自己被排除在外，女孩很容易就会感到气馁。

这样的关系自然会引起敌意。年长的姐姐可能会表达出她的爱，像母亲一样对待弟弟，但是从心理学角度来说，这与前面的情况并没有什么不同。如果年长的女孩采取母亲的态度对待弟弟妹妹，那么她就重新获得了一种权力，可以随心所欲地行事；这种手段可以使她从岌岌可危的境地中创造出宝贵的价值。

兄弟姐妹之间的过度竞争是引起家庭妒忌最常见的原因之一。女孩感觉自己被忽视了，她不断地想要征服她的兄弟。通常情况下，她凭借勤奋和努力，成功地超越了他，在这件事上，自然也帮助了她。青春期的女孩在心理和身体上比男孩发育得更快，尽管这种差异在接下来的几年里会被逐渐追平。

妒忌有许许多多的表现形式。例如，不信任别人、准备伏击他人、挑剔地评价自己的同胞以及担心自己被忽视。这些表现形式中哪种表现会凸显出来完全取决于先前对社会生活的准备。有的妒忌表现为自我毁灭，有的则表现为顽固不化。破坏他人的兴致、毫无意义的反对、限制他人的自由以及随之而来的对他人的征服，都是这种性格多变的表现形式。

妒忌者最喜欢用的一种把戏就是将行为准则施加给另一个人。这种性格的心理模式常常伴随下列行为：试图将某些爱的法则强加给他的伴侣，在他所爱的人周围筑起一道墙，或者规定所爱者应该看哪里、应该做些什么以及如何思考。妒忌也可以用来贬低和责备别人。以下都是达到某个目的的手段：剥夺别人的意志自由，使他陷入困境，或者将他束缚起来。在陀思妥耶夫斯基的小说《涅朵奇卡·涅茨瓦诺娃》中，就有对这类行为的精彩描述。其中，一个男人通过利用我们刚才提到过的手段成功地压迫了妻子一辈子，从而表现出他对她的支配。因此我们可以看出，妒忌是一种明显的追求权力的表现。

Ⅲ　嫉妒

在追求权力和统治地位的过程中，人们肯定还能发现嫉妒这种性格。个体与他过高的目标之间的鸿沟以自卑情结的形式表现出来。它压制着他，影响他的一般行为和对生活的态度，让他觉得距离自己的目标还有很长的路要走。他对自己评价很低，总是表现出对生活的不满，就是持久的证明。他开始花时间权衡别人的成功，一直在研究别人对他的看法或者别人的成就。他总是遭到忽视，认为自己受到了歧视。实际上，这样的人可能比其他人拥有的都更多。所谓感到被忽视的各种表现不过是这些心理的指标：一种得不到满足的虚荣心，一种想比周围人拥有得更多的欲望，或者说，想要拥有一切的欲望。这种类型的人不会说他们渴望拥有一切，因为社会感的存在会阻止他们产生这些想法。但是，他们会表现得**好像**想拥有一切。

在不断衡量他人成功的过程中所产生的嫉妒并不会增加获得幸福的可能性。社会感的普遍性导致人们通常都不喜欢嫉妒；然而，很少有人能做到不嫉妒别人。我们没有一个人能够彻底摆脱它。在平顺的生活中，这一特征往往不明显；然而，当人们遭受痛苦，或者受到压迫，缺乏金钱、食物、衣服或者温暖的时候，当他感到未来希望渺茫，难以摆脱不幸处境的时候，嫉妒就会产生。

如今，人类尚处于文明的开端。虽然道德和宗教禁止人们嫉妒他人，但是我们的心理还没有成熟到足以摆脱它。我们能够充分理解穷人的嫉妒。只有当有人能够证明，处于穷人的位置时他也不会嫉妒别人，才是无法理解的。关于这点我们想要说的就是，我们必须在当代人的精神状况中考虑这一因素。事实上，只要个体或群体的活动受到太多的限制，嫉妒就会从中产生。但是，当嫉妒以我们绝不能认可的最令人厌恶的形式出现时，我们其实并不知道如何能够消除它以及随之而来的仇恨。对于我们社会中每一个人来说，有一点非常清楚：我们不应该考验这样的倾向，也不应该刺激它们；我们应该表现得足够机智，不去强化任何有可能出现的嫉妒。这没有什么好处，真的。然而，我们对一个人最起码的要求是：不应该炫耀自己暂时的优越感。通过毫无用处的权力展示，他很容易就会伤害到别人。

个人与社会之间不可分割的联系体现在这种性格特征的起源上。当个体凌驾于社会之上，展示自己胜过同胞的力量时，一定会引起那些想要阻止他成功的人的反对。嫉妒迫使我们制定所有那些措施和规则，目的是在全人类中建立平等。最后，我们理性地提出了一个直觉上感受到的命题：**人人平等的法则**。这一法则只要被破坏，就会立即产生对立和不和。它是人类社会的基本法则之一。

有时，我们从一个人的外表很容易识别出嫉妒的表现。长期以来，人们使用修辞来表现嫉妒时会带有一定的生理特征。我们会说嫉妒得"脸色发青"或"脸色苍白"，这就证明了嫉妒会影响血液循环的事实。嫉妒的生理表现常体现为外围毛细血管的动脉收缩。

就嫉妒的教育意义而言，我们只有一种做法。既然无法彻底摆脱它，那么我们就必须让它有用。我们可以给它一个渠道，让它在其中变得具有价值，同时不会对心理生活造成太大的冲击。这对于个人和群体来说都有好处。就个体而言，我们可以提供一种职业来提升他的自尊心；就国家而言，对于那些在国家的大家庭中感觉不受重视、只能看着别人幸福、徒劳地嫉妒别人的更好境遇的国家来说，我们所能做的只有向他们指明发展先天的、尚未得到开发的力量的新方法。

一生都在嫉妒他人的人对公共生活是没有用的。他只想从别人那里索取，以某种方式剥夺他，扰乱他。同时，他往往会为自己没有实现的目标找借口，并将自己的失败归咎于他人。他是一个好斗的人，一个害人精，一个不爱建立良好关系的人，一个不参与造福他人事业的人。因为他不会费神同情别人的处境，所以他几乎无法理解人性。别人由于他的行为而受苦，他也不会被触动。嫉妒甚至可能会导致个体将自己的快乐建立在别人的痛苦之上。

Ⅳ 贪婪

贪婪与嫉妒是密切相关的，而且常常与后者结伴出现。我们这里所谓的贪婪，不仅指的是囤积钱财方面，还包括更为普遍的形式，主要表现为个体不能给他人带来快乐，在对社会和他人的态度中贪得无厌。贪婪的人会在周围筑起一堵墙，以确保自己手中财富的安全。一方面，我们认识到它与野心、虚荣心的联系，另一方面，我们可能也会发现它与嫉妒的关系。毫不夸张地说，通常所有这些性格是并存的，因此，有的人在发现其中一种特征后宣称还存在其他特征，这样的"读心术"并不是什么惊人的把戏。

在如今的文明中，每个人或多或少都有贪婪的迹象。一般人都会用一种夸张的慷慨来掩饰或者隐藏它，这种慷慨相当于施舍。人们试图通过这样的姿态以牺牲他人为代价来提升自己的人格感。

在某些情况下，当贪婪被引向某种生活形式，似乎竟会成为一种有价值的品质。我们可能对自己的时间或者劳动贪得无厌，而且在这个过程中确实完成了大量的工作。如今，我们有一种强调"时间贪婪"的科学和道德倾向，甚至要求每个人都在他的时间和劳动上保持经济节约。理论上这听起来很好，但是无论在何处看到这一观点的实际应用，我们总能发现它是为追求优越感和权力的个人目标服务的。这个理论上的观点常常被滥用，对时间和劳动的贪婪被扭曲成把工作的重担转移到他人的肩上。我们只能以这种活动的普遍效用为标准来评价它，就像其他所有活动一样。把人当作机器是我们技术时代发展的一个特点，而给生活制定的规则和给技术活动制定的规则在很大程度上是一样的。对于机器来说，这些规则通常是合理的；但是对于人类来说，它们最终会导致孤立和孤独，并且破坏人类的关系。因此，我们最好能够调整自己的生活，让自己情愿付出而不是聚敛。这条法则绝不能脱离它的语境，人们不可以利用它来使坏；一个人只要将共同利益铭记在心就不会胡作非为。

V 仇恨

我们常常发现，仇恨是好战之人的特征。仇恨的倾向（经常在童年早期出现）可能会达到非常高的程度，例如大发脾气的时候；同时，它也会以一种更加温和的形式出现，例如抱怨和恶毒。一个人仇恨和抱怨的程度就是他人格的一个很好的指标。在知道这一事实后，我们对他的心灵就会有很多了解，因为仇恨和恶意为他的人格赋予了一种独特的色彩。

仇恨可以表现为多种形式。它可以指向我们必须执行的各种任务，反对一个人、一个国家或者一个阶层，反对一个种族或者另一个性别。仇恨就像虚荣心一样，不会公开表现出来，而是懂得掩饰自己，例如，隐藏在一种常见的挑剔态度中。仇恨甚至可能会破坏个人拥有的所有交往的可能性。有时，个体仇恨的程度就像闪电一样突然显现出来。这种情况曾经出现在一名患者身上，他被免除了兵役，他说自己非常喜欢阅读关于恐怖的屠杀和毁灭他人的报道。

我们在犯罪中也会看到很多这样的情况。较为温和的仇恨倾向可能在我们的社会生活中扮演着重要的角色，其表现形式不一定具有侮辱性或使人震惊。厌世就是这类隐晦的形式之一，它泄露出对人类的高度敌意。有的哲学流派整个充满了敌意和厌世，我们甚至可以将它们等同于粗野而又毫不掩饰敌意的残暴行为。在名人传记中，伪装的面纱有时被丢在一旁。思索这句话不可避免的真实性并不重要，重要的是记住仇恨和残忍有时可能会出现在艺术家的身上，而他如果想创造出真正的艺术，就应该站在人性的一边。

仇恨带来的后果随处可见。在此，我们无法对它们一一进行分析，因为要证明单一的性格特征与一般的厌世行为之间的所有关系会让我们走得太远。例如，某些职业的选择是脱离不开厌世心态的。格里尔帕策[1]曾经说过："一个人的残忍本能在他的诗作中得到了充分表达。"这绝不意味着这些职业在没有仇恨的情况下就不能完成，恰恰相反。

1　格里尔帕策（1791—1872），奥地利剧作家。

对人类怀有敌意的人决定获得一个职业（比如军事方面的工作）时，他所有的敌意，至少从表面上来说，都被引向了适应社会体制的状态。这是由于他必须和自己的组织相适应，需要与从事同一职业的人建立联系。

其中，有一种将敌对感情掩盖得很好的形式就是"过失犯罪"的行为。以人或者财产为对象的"过失犯罪"的特征是：造成过失的个体忽视了社会感所要求的一切考量。这个问题在法律方面引发了无休止的讨论，但从未得到令人彻底满意的结果。这很好理解，因为所谓的"过失犯罪"并不等于犯罪。如果我们把花盆放在靠近窗台边缘的地方，那么哪怕是轻微的震动，它也有可能砸在某个过路人的头上，这和我们用花盆直接砸人的性质是不一样的。但是，有些人的"过失犯罪"行为与犯罪有着明显的关联，这是我们理解人性的另一个关键。从法律角度讲，"过失犯罪"行为并非**有意识**为之，它被视为一种可被原谅的情况，但是毫无疑问，**无意识**的敌对之举是基于与有意识的恶意行为同等程度的敌意。在观察孩子们的玩耍时，我们总是会发现，某些孩子很少关注他人的利益。我们可以确定，他们对待同胞并不友好。其实，我们应该等待进一步的证据来证实这一点，但是，如果每当这些孩子玩耍的时候，一定会发生一些事故，那么我们就必须承认，这些孩子已经习惯于对同伴的利益置若罔闻。

在这一点上，让我们特别注意一下商业活动。商业不是特别适合于使我们相信疏忽与敌意之间存在相似性。商界人士对竞争对手的福利漠不关心，或者很少对我们认为必不可少的社会感产生兴趣。许多商业行为和企业都清楚地建立在这样的理论之上：一个商人的优势只能来自另一个商人的劣势。通常情况下，即使此类行为体现出有意识的恶意，也不会受到惩罚。正如"过失犯罪"一样，日常的商业行为缺乏社会感，它会毒害整个社会生活。

迫于商业的压力，一个人即使是出于好意，也必须尽可能保护自己。我们忽视了这样一个事实，即这种个人的自我保护通常伴有对他人的伤害。我们之所以关注这些问题，是因为它们表明，在商业竞争的压力下，人们很难运用社会感。我们必须找到解决办法，使人与人之间为了共同利益的合作变得更加容易，而不是像如今这样越发困难。事实上，人类心灵一直在不知不觉中试图建立一种更好的秩序，以此来尽可能地保护自己。心理学必须与之配合并开始理解这些变化，直到它不仅能够理解商业关系，还可以理解同时发挥作用的心理机制。只有这样，我们才能知道对个体和社会可以有何期望。

过失在家庭、学校和生活中普遍存在。我们在大多数社会机构中都能找到它。有时，完全不考虑同胞的人却找到了成为焦点的方式。自然，他会受到惩罚。一个不考虑他人的人，他的行为通常会使自己不得善终。有时，这种惩罚要在多年后才会到来。"上帝的磨转得很慢。"一个从未尝试管制自己行为的人可能会由于时间过得太长而不了解因果关系。因此，人们才抱怨不应遭受的不幸！这种厄运本身可以归因于这样一个事实：他人不再忍受这种不尊重自己的行为，他们放弃了个人善意的努力，离开了自己的同伴。

尽管过失犯罪存在明显的正当理由，但是仔细观察后我们就会发现，它本质上是一种厌世行为。例如，一名超速驾驶并撞了人的司机会以自己有一个重要约会来进行辩解。我们从他身上看到了这样一类人的影子，他们将琐碎的个人事务凌驾于同胞的利益之上，所以他们忽视了给别人造成的危险。个人事务和社会福祉之间的地位差异让我们了解到他们对人类的敌视。

从某种程度上来讲，每个人很可能都是虚荣的；然而，将虚荣展现出来却被认为是不好的行为。因此，虚荣心常常被伪装和掩饰，以至于它呈现出各种各样变化的形式。

既然没有人能彻底摆脱虚荣心，那么每个人都在一定程度上是虚荣的。但是，虚荣心绝对不是决定个体行为以普遍效用为目标的原因，它也不会赋予个体实现伟大成就的力量！

在不断衡量他人成功的过程中所产生的嫉妒并不会增加获得幸福的可能性。社会感的普遍性导致人们通常都不喜欢嫉妒；然而，很少有人能做到不嫉妒别人。我们没有一个人能够彻底摆脱它。

在如今的文明中，每个人或多或少都有贪婪的迹象。一般人都会用一种夸张的慷慨来掩饰或者隐藏它，这种慷慨相当于施舍。人们试图通过这样的姿态以牺牲他人为代价来提升自己的人格感。

第三章 非攻击性性格特征

> 人类的恐惧只能通过联系个体与人类的纽带来消除。

所谓非攻击性性格特征是指表面上对人类没有敌意却给人以敌对**孤立**印象的性格。它看似已经将敌意转移到了别处。我们感觉心灵在迂回。这样的个体从来不伤害任何人，但是他退出了生活和人类的圈子，避免了一切接触，并且由于他的孤立而无法与同胞合作。然而，大部分生活任务只能在相互合作中解决。人们可能会怀疑孤立自己的人就和直接向社会发动战争的人一样具有敌意。一个庞大的研究领域显露出来，有待我们检查，我们将更仔细地说明其中几种突出的表现。我们必须介绍的第一个特征就是胆怯和避世。

I 避世

避世和孤立的表现形式非常多。脱离社会的人沉默寡言，或者完全不说话，他们不会看向同胞的眼睛，也不去倾听；别人对他们说话时，他们心不在焉。在所有的社会关系里，甚至是最简单的关系中，他们都表现出一定程度的冷漠，这有助于疏远与同胞的距离。从他们的举止和行为，从他们握手的方式，从他们说话的语气，从他们问候或拒绝问候他人的方式中，我们都能感受到这种冷漠。他们的一举一动似乎都在自己和同伴之间制造距离。

在这些孤立的方式中，我们看到了潜在的野心和虚荣。这些人试图通过强调他们与社会的差异来使自己高人一等。他们最多只能得到虚幻的荣耀。从这些自我流放者看似无害的态度中，我们可以明显看出他们的敌意。孤立可能是一大群人的特征。众所周知，有的家庭生活是封闭的，不受外界的影响。他们的敌意、自负，以及认为自己比他人更优秀、更高贵的信念都是很明显的。孤立可能也是阶层、宗教、种族或者国家的特点。有时，我们在陌生的城镇里走走，从房屋和住宅的结构中就能观察到不同社会阶层之间是如何相互隔离的，这是非常具有启发性的经历。

我们文化中某种根深蒂固的趋势使得人类将自己孤立成不同的国家、信仰和阶层。冲突（体现在各种衰朽无力的传统中）是唯一的结果。它进一步使一些人利用潜在的矛盾让群体之间进行战斗，以此来满足他们个人的虚荣心。这样一个阶级，或者这样一个人，认为自己特别优秀，非常看重自己的精神，总是在证明他人的邪恶。对于那些努力突出阶层或国家之间的分歧的拥护者来说，这样做主要是为了提高个人的虚荣心。一旦发生不幸事件（例如，世界大战及其所带来的后果），他们将是最不愿为挑起这些事件承担责任的人。由于自身的不安全感，这些麻烦制造者试图以牺牲他人为代价来实现优越感和独立感。孤立就是他们可怜的命运和渺小的世界。他们无法在我们的文明中进步和成长也就不言而喻了。

Ⅱ　焦虑

厌世者的性格常常表现出焦虑。焦虑是一种特别普遍的特征。它从童年早期直到老年一直伴随着个体，并在很大程度上折磨着他，使他远离与人类的接触，并破坏他建立和平生活或者对世界做出卓越贡献的希望。恐惧会影响人类的所有活动。我们可能会惧怕外部世界，或者惧怕自己内心的世界。

有的人因为害怕社会而选择逃避。有的人可能害怕孤独。焦虑的人往往考虑自己多过关心同胞。一旦任何人认为自己必须避免生活中的一切困难，那么在任何有需要的时候，焦虑的表现将加强他的观点。有些人在即将开始做某事时的第一反应总是焦虑，无论是仅仅离开家门、与伴侣分离、寻找工作，还是坠入爱河。他们与生活和同胞的联系非常少，以至于每一次情况发生变化，他们都会感到恐惧。

焦虑明显抑制了他们的个性发展和造福世界的能力。他们并不一定会表现出发抖和逃跑！他们只会放慢脚步，寻找各种各样的借口。在大多数情况下，害怕的人并没有意识到，只要新情况出现，他焦虑的态度就会浮出水面。

有趣的是，我们发现有些人不断思考过去或者死亡（这证实了我们的观念）。思考过去是一种不太显眼因而受人喜爱的压抑自己的方式。恐惧死亡或者疾病是那些找借口逃避所有责任和义务的人的特征。他们强调一切都是虚荣的，生命如此短暂，没有人知道会发生什么。天堂和来世带来的慰藉具有同样的效果。对于期盼在来世实现目标的人来说，眼前的生活和事业是完全多余的，现世是一个毫无价值的发展阶段。第一种类型的人逃避所有的考验，因为野心阻止他们接受考验，以防暴露他们真正的价值。在第二种类型中，我们发现，还是同一个上帝，追求的同样是超越他人的目标，同样的野心令他们不适应生活。

我们在被单独留下、瑟瑟发抖的孩子身上看到了焦虑最初和更原始的表现。即使有人靠近这些孩子，他们的愿望也永远不会得到满足；他们将这种陪伴用于其他目的。如果母亲将这样的孩子单独留下，他就会表现出明显的焦虑，呼唤她回来。这一举动证明什么都没有被改变。母亲在或不在身边并不重要。孩子更关心的是让她为自己服务，并且控制她。这一迹象表明，人们不允许孩子发展任何独立的精神，反而通过错误的对待方式让孩子有机会强求同胞为他服务。

孩子焦虑的表现是众所周知的。当黑暗或者夜晚降临，他们与周围环境或所爱的人更加难以取得联系时，焦虑就会变得尤为明显。因为焦虑而发出的尖叫让这条可以说是被黑夜破坏的纽带重新归于完整。如果有人急忙回到孩子身边，通常就会看到我们前面描述的行为。孩子会要求人们打开灯，坐在他身边，和他一起玩等。只要有人服从，他就不再焦虑，但是一旦他的优越感受到威胁，他又会焦虑起来，就这样他强化了自己的统治地位。

成年人的生活中也有类似的现象。有些人不喜欢独自外出。我们可以通过他们焦虑的举动和表情一眼在大街上认出他们。有的人不愿意四处走动，还有的人看起来在沿街奔跑，就好像有敌人在追赶他们似的。有时，我们会遇到这种类型的女人走过来请求我们帮她们过马路。她们可不是虚弱或者生病的人！她们可以轻松自如地行走，通常都很健康，但是面对微不足道的困难，她们就会感到焦虑和恐惧。有时，他们的焦虑和不安全感从离开房子的那一刻就开始出现。正是出于这样的原因，广场恐惧症，即对开放场所心生恐惧，才变得耐人寻味。具有这种症状的患者总感到自己是被某种敌意迫害的受害者。他们认为，有一些东西能让他们完全区别于他人。这种态度的表现之一就是惧怕堕落（在我们看来，这只不过意味着他们认为自己被提得很高）。在病态的恐惧表现当中，我们同样看到了追求权力和优越感的目标。对于许多人来说，焦虑是一种明显的手段，它迫使某人接近自己，并且只关注自己这个受难者。在这种情况下我们看到，没有人可以离开房间，以免焦虑的人再次焦虑起来！每个人都屈服于患者的焦虑。因此，人的焦虑会给他周遭的人强加一种规则。每个人都必须接近他，而他却不需要去找任何人。他成为统治他人的王者。

人类的恐惧只能通过联系个体与人类的纽带来消除。

一个人只有意识到自己是人类共同体中的一员，才能在没有焦虑的情况下度过一生。

让我们再举一个有趣的例子，事情发生在1918年奥地利革命时期。当时，一些患者突然宣布他们不能去就诊了。当被问及原因时，他们大部分回答说：现在这个时代世事难料，我们永远不知道会在街上遇到什么样的人。如果一个人穿得比别人好，他就永远不知道会发生什么。

在那个年代，这种沮丧的感觉当然是相当强烈的，但值得注意的是，只有某些个体得出了这样的结论。为什么只有他们这么想呢？他们这样做并非偶然。他们的恐惧是由他们从未与人类接触而造成的。因此，在不寻常的革命时期，他们无法得到足够的安全感，而那些认为自己从属于社会的人则不会感到焦虑，照常从事他们的工作。

胆怯属于一种更温和的（或者不太明显的）焦虑。我们就焦虑所说的那些对于胆怯同样适用。无论你让孩子处于多么单纯的关系之中，胆怯总是会令他们避免与人接触，或者破坏他们建立起来的联系。自卑感以及与他人的差异感都会抑制孩子在新的交往中找到快乐。

Ⅲ　懦弱

具有懦弱性格的人认为眼前的每一项任务都特别困难；他们对自己完成任何任务都没有信心。通常情况下，这一特征表现为行动力差。因此，这样的个体和即将到来的考验或者任务之间的距离不仅不会很快缩短，甚至有可能保持不变。有些原本应该专注于生活中某个特定问题的人总是身在别处，他们就属于懦弱的人。这些人突然发现他们根本不适合所选择的职业，或者发现各种能够摧毁他们逻辑的反对意见，以至于从事这样的职业真的变得不可能了。除了行动缓慢之外，懦弱还会表现为过分关注安全和准备，这些行为的唯一目的就是逃避一切责任。

个体心理学把适用于极其广泛现象的复杂问题称为"距离问题"。它建立了一种立场，从这个立场出发，我们可以坚定地评价一个人，衡量他与解决生活三大问题之间的距离。这三大问题之一是：社会责任问题，即"我"和"你"之间的关系问题，是否以近乎正确的方式促进了自己与同胞之间的接触，或者阻碍了这种接触。另外两个问题是职业与工作的问题以及爱情和婚姻的问题。根据失败的程度和个体与这些问题的解决之间的距离，我们可以得出有关他人格的更深入的结论。同时，我们可以利用收集到的数据来帮助自己理解人性。

对于懦弱的情况来说，我们可以在个体想要与其任务隔开或远或近的距离的渴望中找到它的基础。然而，在我们所说的黑暗悲观主义的旁边还有着光明的一面。我们可以假设，患者之所以选择了他的位置，完全是因为光明一面的存在。如果他毫无准备地面对一项任务，那么即使失败，他也是可以得到谅解的，他的人格感和虚荣心也不会受到影响。情况变得更有保障了，他就像一个走钢丝的人，知道下方有一张安全网。即使不慎掉落，他也不会受伤，即使他因为毫无准备而未能做好自己的工作，他的个人价值感也不会受到威胁，因为他会说有各种原因影响了他的发挥。他如果能抢占先机或者做好万全的准备，那么肯定会成功。这样一来，问题不是人格缺陷造成的，而是由于某种不能让他承担责任的微不足道的状况。如果他成功了，那么就是锦上添花。如果某人勤勉地履行了自己的职责，那么他的成功不会令人感到惊讶，因为那看起来是应该的。相反，如果他拖拖拉拉，只做了一点点工作或是丝毫没有准备，结果却解决了他的问题，那么他的形象就完全不同了。可以说，他成了一个双重英雄，单手就做成了别人双手才能做到的事！

这些都是心理迂回的优势。然而，迂回的态度暴露出的不仅是野心，还有虚荣心，而且表明了他喜欢扮演英雄的角色（至少对他自己来说是这样）的事实。他所有的活动都指向个人的自我膨胀，这就使得他在表面上拥有了特殊的力量。

现在，我们来分析一下另外一些个体，他们希望避免上述问题，于是为自己制造了许多困难，最终使自己完全不用处理这些问题，或者最多采取优柔寡断的方式来处理。通过他们的迂回我们发现，他们养成了各种生活的坏毛病，例如懒惰、懈怠、频繁换工作、犯罪等等。从有些人外在的举止就能看出他们对待生活的态度，他们走路的姿态非常灵活，看起来就像蛇一样。这绝非偶然。我们姑且将他们看成是希望通过迂回解决问题的人。

有一个真实的案例可以清楚地证明这一点。一个男人明显表现出对生活的失望，他对活着感到厌倦，只有自杀的念头。没有什么能给他带来快乐，他所有的态度都表明他和生活一刀两断了。心理咨询的结果显示，他是三兄弟中的老大，他的父亲非常有野心，平生坚韧不拔，并且取得了相当大的成就。我们的患者是最受喜爱的孩子，他期待有一天可以追随父亲的脚步前进。男孩的母亲在他很小的时候就去世了，但是可能由于享受到父亲的保护，他和继母相处得很好。

作为大儿子，他不加批判地崇拜权力和力量。他的一举一动和性格特征都带有霸权的色彩。在学校，他成功地当上了班长，毕业后，他接管了父亲的事业，表现得就好像自己是个乐善好施的人。他说话的态度总是很友好，善待工人，给他们最高的工资，总是愿意听从合理的要求。

1918年革命爆发后，他的本性发生了变化。他开始抱怨员工不守规矩的行为令他十分苦恼。他们过去是**请求**与接受，现在却变成了**要求**。他非常烦恼，一心想放弃他的生意。

因此，我们看到他在这个问题上不断迂回。一般情况下，他是一个好心的领导，但是一旦触及他的权力关系，他就不能秉公办事了。他的理念不仅扰乱了工厂的运作，也破坏了他的生活。他如果没有那么野心勃勃地想去证明自己是家里的主人，也许可以在这一方面表现出随和，但是对他来说，唯一值得考虑的就是个人权力的统治。社会和商业关系的必然发展使得这种个人统治几乎难以实现。结果，这份职业根本没有带给他快乐。他放弃事业的意向同时也是对那些难以管束的员工的攻击和控诉。

现在，虚荣心只能让他走到这一步了。突然出现的整个局势的冲突立即使他陷入了困境。由于他心理发展的不全面，他丧失了改变想法和重新制定行动原则的能力。他已经不能再进一步发展了，因为他唯一的目标是权力和优越感。为实现这个目的，虚荣心成为了他性格的主要特征。

如果观察他生活中的关系，我们就会发现，他非常缺乏社会联系。不出所料，他只和承认他的优越性并听从于他的人打交道。与此同时，他吹毛求疵，由于相当聪明，他偶尔会说出一些具有说服力的贬损他人的话。他的挖苦很快就赶走了他的朋友，实际上他一直都没有朋友。他用各种各样的乐事来弥补自己在与人交往中的缺失。

但是，只有当他面临爱情和婚姻的问题时，他的人格才会遭遇真正的挫折。在此，我们很容易就能推测出降临到他身上的命运。因为爱需要最深和最亲密的联系，所以它并不容许个人的专横欲望。既然他一直都占据统治地位，那么他所选择的婚姻伴侣必须符合他的意愿。专横而且痴迷于优越感的人绝对不会选择一个软弱的对象成为他的爱人，而是会寻找一个必须被反复征服的人，这样一来，每一次征服都是一次新的胜利。通过这种方式，两个想法相似的人彼此吸引，他们的婚姻就是一连串没有间断的战斗。

这个男人会挑选在很多方面甚至比他更专横的女人为妻。这两个人会忠于他们的原则，利用一切可能的武器来维持自己的统治地位。因此，他们之间越来越疏远，彼此都不敢离婚，因为他们都盼望最终的胜利，很难被诱离婚姻的战场。

此时，这位患者所做的一个梦暗示了他的情绪。他梦见了一个女仆模样的年轻女子，她令他想起了他的簿记员。在梦中，他对她说："你瞧，我有贵族血统。"

不难理解整个梦中发生的思维过程。一方面，他有一种看不起别人的态度。在他看来，所有人都是仆人，没有文化，地位低下，如果对方碰巧是一个女人，那么情况就更糟了。我们必须记住，此时他正在与妻子交战，所以我们可以假定，梦中人物就是他妻子的象征。

没有人能理解这位患者，而他正是最不了解自己的那个人，因为他总是不可一世地四处寻找自己虚荣的目标。他在与世界隔离的同时，也傲慢地要求别人认可自己的高贵身份，尽管这相当不合理。同时，他剥夺了他人的价值。这是一种爱情和友谊都无法在其中找到位置的人生观。

通常，个体用来为这种心理迂回辩护的理由都很独特。在大多数情况下，这些理由本身非常合理，也很好理解，只不过它们适用于其他情况，而不是当前的案例。例如，我们的患者发现他必须结交朋友，并且进行了尝试。他加入了一个兄弟会，那里的活动无外乎喝酒、打牌等类似的无聊消遣。他认为这是唯一能结交朋友的途径。后来，他很晚才会回家，第二天早上又困又累。他指出，如果一个人必须社交，那么他至少不能总是去俱乐部之类的地方。如果他同时能努力工作，那么这种辩解也许还算合理。然而，正如我们所料，作为他社交的结果，他离战斗的前线非常远。显然他错了，即使他用了正确的论点！

这一案例清楚地证明，不是**客观**经验使我们走上了发展的正轨，而是我们对于事件的个人**态度**和**评价**，以及我们评价和衡量事件发生的**方式**。在此，我们面对的是人类错误的整个领域。这个例子和类似的案例表明了一系列错误，以及进一步犯错的可能性。我们必须尝试结合个人的整体行为模式来检查论证，理解他的错误，并通过适当的教导来克服它们。这一过程与教育非常相似。教育所做的就是清除错误。要做到这点，就有**必要**去了解方向错误的发展（基于错误的解释）是如何导致悲剧的。我们钦佩古代人民的智慧，在提到复仇女神涅墨西斯时，他们已经认识到了这一事实，或者对此已经有了不祥的预感。个体由于错误发展所遭受的不幸清楚地表明了他崇拜个人权力而不是关心社会共同利益的直接后果。这种对个人权力的崇拜迫使他采取迂回的方式接近自己的目标，而没有考虑同胞的利益，代价是他不断对失败感到恐惧。在他的发展过程中，我们通常会发现一些神经性疾病和症状，它们存在的特殊意义就是阻止他完成某项任务。这些症状在向他暗示，根据以往的经验，每前进一步都会伴随巨大的危险。

社会中没有逃兵的位置。要想遵守规则和帮助他人，我们必须具备一定的适应性和从属性，而不能仅仅以统治为目的去取得领导地位。我们许多人都是从自己或者周围其他人身上观察到这一法则的正确性。我们认识的一些人，他们可能会拜访他人，举止得体，不打扰他人，却成不了使人感到亲近的朋友，因为追求权力的目标阻碍了他们。别人无法与他们亲近，这并不奇怪。这种类型的人会静静坐在一张桌子旁，外表上看不出幸福的神情。他宁愿和人单独交谈而不是公开讨论，他会在无关紧要的事情上表现出真实性格。例如，即使别人不在乎他正确与否，他也会竭尽全力证明自己是对的。我们很快就会发现，只要证明了自己是对的而别人是错的，这个观点本身对他来说就没有什么价值了。在心理迂回的过程中，他表现得令人费解，不知为何而感到疲倦，忙忙碌碌却徒劳无功，他睡不着觉，浑身无力，发出各种抱怨。简而言之，我们只能听到他抱怨，却给不出任何充分的理由。他就像是个病人，一直"焦虑"。

事实上，所有这些都只是狡猾的手段，目的是将他的注意力从他害怕的真实事态上转移走。他选择这样的方式绝非偶然。想想一个连黑夜这样的普遍现象都惧怕的人的固执叛逆吧！每当遇到这样的人，我们完全可以相信，他从来没有与尘世的生活和解过。没有任何事物能满足他的自我，除了克服对黑夜的恐惧！他将此作为适应正常生活的一个固定条件。但是，设置这一无法实现的条件恰恰暴露了他的不良企图！他是一个拒绝生活的人！

所有这类紧张的表现都源于神经质的个体对他必须解决问题的惧怕，然而，除了日常生活中必要的职责和义务之外，还有什么问题要解决呢？在即将面对这些问题时，他就寻找借口，或是拖延解决它们的时间，或是寻求一种情有可原的状况，或是找借口来彻底回避它们。通过这种方式，他还同时避免了承担维持人类社会所必需的义务，这损害的不仅是他身边的人，还有更大范围内的其他人。

如果我们能更好地理解人性，并且记住在遥远的某个时候带来这些悲剧结果的可怕的因果关系，那么我们可能早就阻止了这种症状的出现。抨击人类社会的逻辑和内在规律是得不偿失的。由于时间跨度大以及无数可能发生的复杂情况，我们很少能够准确地确定犯罪与报应之间的联系，并从中得出具有启发性的结论。只有当整个人生的行为模式展现在我们面前，使我们能够深入研究一个人的经历时，我们才能非常小心地探索这些联系，并证明最初的错误发生在哪里。

Ⅳ 粗野本能作为适应不良的表现

有些人表现出的性格特征我们可以称之为粗鲁或者极度缺乏教养。这种类型的人中，有的咬指甲或者不停地抠鼻子，有的则在吃饭的时候狼吞虎咽，看上去控制不住自己对食物的欲望。这些表现是有意义的，当我们看到这种像饿狼一样吃饭的人在表达自己的贪念时既不受拘束也不会感到羞耻，这点很明显。这种吃法真吵啊！所有的食物都落进了他无底洞一般的胃里！他吃得好快啊！吃得好多啊！而且不停地吃！我们每个人不都看到过这种一刻不吃就难受的人吗？

粗野的另一个表现是肮脏和凌乱。这里所说的不包括由于工作太多而不拘礼节，或者由于努力工作而偶尔会出现的自然无序状态。我们所说的这类人，即使不工作，远离一切有用的工作，通常也摆脱不了外在的凌乱和污秽。他们似乎寻求的就是破败和令人厌恶的状态，我们都无法想象他们没有这些性格特征。

　　这些只是粗野之人的外在特征。它们清楚地表明，他们不遵守规则，而且真的想让别人远离自己。表现粗野的人令我们相信，他们对同胞没有丝毫的用处。大多数粗野行为都是从童年时期开始的，因为很少有哪个孩子的成长是一帆风顺的，但是也有一些成年人克服不掉这些幼稚的特点。

　　这些表现多多少少都是基于他们不愿见到同胞这一事实。每个表现粗野的人都希望远离生活，不愿与人合作。我们很容易理解他们为什么不听从改掉粗野行为的劝告，因为当一个人不愿意按照规则生活时，他咬指甲或者表现出其他相似的特征就是无可指摘的。避开他人最有效的方法就是始终穿着领口肮脏或者带有污渍的衣服。除了总是以这种形象出现，还有什么做法能更为绝对地使他避开批评、竞争和他人的关注呢？还有什么能让他更顺利地逃离爱情或者婚姻呢？当然，他在竞争中输了，同时他有了真正的借口，将这一切都归咎于他的粗野。"如果没有这个坏习惯，那还有什么是我做不到的呢！"他叫喊着，接着又在一旁小声辩解："然而遗憾的是，我有！"

在下面这个例子中，野蛮的行为成了一种自卫手段，并且被用来专横地对待周围的人。在这个案例中，二十二岁的女孩出现了尿床的情况。她在家中的孩子里排行倒数第二，因为她体弱多病，所以母亲特别照顾她，她也对母亲格外依赖。她设法让母亲时时刻刻都围着她转。白天，她表现出焦虑的状态；晚上，则利用恐惧和尿床。起初，这对她来说是一个胜利，令她的虚荣心得到了满足。她以自己的兄弟姐妹为代价，通过自己的不良行为，成功地让母亲待在她身边。

这个女孩在别的方面也很特别，她不会交朋友，无法融入社会，也不能去上学。当她不得不离开家时，她就会感到特别焦虑，甚至长大以后也是如此，于是只能在晚上做些杂事。然而对她来说，夜晚独自外出也是一种折磨。她回家时往往身心俱疲，焦虑不安，讲述着各种所经历的危险的可怕故事。我们可以看到，所有这些特征只不过代表这名年轻女子想一直留在母亲身边，但是由于经济状况的不允许，她只得寻找一份工作。最终，她被迫接受了一个职位，但是仅仅过了两天，她尿床的老毛病又犯了。由于雇主对她非常生气，她不得不放弃这份工作。母亲不理解尿床的真正含义，狠狠地责备了她。后来，这名年轻女子自杀未遂，被送往医院。现在，母亲对她发誓再也不会离开她了。

所有这些行为：尿床、恐惧黑夜、害怕孤独以及自杀未遂，目的都是相同的。它们意味着："我必须和母亲在一起，或者母亲必须时刻关注我！"就这样，粗野的行为（尿床的习惯）就有了合理的意义。现在我们意识到，可以根据这种坏习惯来判断一个人。同时我们知道，只有在完全了解患者经历的情况下，才能帮助他改正这些错误。

总的来说，孩子表现出的野蛮行为和坏习惯都是为了引起周围成人的注意。想要扮演重要角色或者向大人展示自己软弱无能的孩子就会利用这一点。有些孩子在有生人来访时所表现出的恶劣行为也具有类似的目的。有时候客人刚一进屋，平时乖巧的孩子仿佛被恶魔附身了一般。他想让自己具有某种重要性，直到以某种令人满意的方式实现了目的为止。这样的孩子长大以后，会尝试用一些粗野的行为来逃避社会的要求，或者会通过让自己变得难以相处来阻止实现共同利益。所有这些表现之下隐藏的是一种专横而强烈的虚荣心。由于它们的表现形式多种多样，并且被巧妙地隐藏起来，我们无法清楚地认识到它们产生的根源以及要实现的最终目的。

厌世者的性格常常表现出焦虑。焦虑是一种特别普遍的特征。它从童年早期直到老年一直伴随着个体，并在很大程度上折磨着他，使他远离与人类的接触，并破坏他建立和平生活或者对世界做出卓越贡献的希望。

人类的恐惧只能通过联系个体与人类的纽带来消除。一个人只有意识到自己是人类共同体中的一员，才能在没有焦虑的情况下度过一生。

不是客观经验使我们走上了发展的正轨，而是我们对于事件的个人态度和评价，以及我们评价和衡量事件发生的方式。

抨击人类社会的逻辑和内在规律是得不偿失的。由于时间跨度大以及无数可能发生的复杂情况，我们很少能够准确地确定犯罪与报应之间的联系，并从中得出具有启发性的结论。只有当整个人生的行为模式展现在我们面前，使我们能够深入研究一个人的经历时，我们才能非常小心地探索这些联系，并证明最初的错误发生在哪里。

第四章　性格的其他表现

> 任何对立于公共生活的绝对真理和逻辑的人迟早会在人生的某个阶段尝到恶果。

I　欢悦

我们已经让大家注意到这个事实，通过了解个体为服务、帮助他人以及为他人带去快乐所做准备的程度，很容易就可以衡量出他的社会感。给别人带来快乐的天赋使人更有趣。快乐的人更容易接近我们，从情感上我们就可以判断出他们更富有同情心。似乎我们本能地认为这些特征是社会感高度发达的标志。有些人看上去很快乐，他们不会总是抑郁和焦虑，也不会将自己的忧虑甩给他人。他们和别人在一起时，能够散发出欢悦的气息，让生活变得更加美好和更有意义。我们可以感觉到他们是好人，不仅在于他们的行为，还在于他们接近我们和说话的方式，关注我们利益的态度，以及他们的整个外在表现：穿着、姿态、快乐的情绪状态和他们的笑声。富有洞察力的心理学家陀思妥耶夫斯基说:"比起无聊的心理测试,笑能让人们更好地认识到一个人的性格。"笑既可以建立联系,也能破坏它们。我们都听见过嘲笑别人不幸的人发出的具有挑衅意味的笑声。有些人是完全不会笑的,因为他们远离连接人类的内在纽带,丧失了给予快乐或者表达快乐的能力。还有很少一部分人根本不能给人带来快乐,因为他们只关心自己可能遭遇的痛苦生活。他们走来走去,就好像想要熄灭每一盏明灯。他们往往不苟言笑,只有在被迫去笑或者伪装成给予快乐的人时才会笑。由此,我们可以理解同情与厌恶这些情绪的奥秘。

与具有同情心的类型相反的是那些长期扼杀快乐和破坏他人幸福的人。他们宣称这个世界是充满悲伤和痛苦的山谷。有些人活得好像被沉重的负担压弯了腰。每一个小小的困难都会被他们利用,未来看起来黑暗而压抑,他们会在每一个其他人都很高兴的场合说出悲伤的卡珊德拉[1]式的预言。他们的整个身心都透着悲观的看法,不仅针对自

---

1 卡珊德拉,希腊神话中特洛伊的公主,具有预言能力。

己，对他人也是如此。如果周围有人表现出快乐，他们就会变得焦躁不安，并试图从中找出给对方泼冷水的理由。他们利用自己的言辞和令人不安的行为来破坏他人的幸福生活，阻止他们享受人类的友谊。

Ⅱ　思维过程和表达方式

有些个体的思维过程和表达方式偶尔会给人一种造作的印象，让人无法不注意到它。有些人的想法和谈吐看起来好像他们的心灵视野受限于格言与谚语。我们提前就可以猜到他们要说什么。他们说的话就像廉价小说中的桥段，他们引用来自最糟糕的报刊的流行语。他们的言辞中充满俚语或技术用语。这种表达方式可以让我们获得对他们的进一步了解。有些想法和词句是我们不会或不能用的。他们在每一句话中都反复体现出粗俗不堪的特点，有时甚至连说话者自己也会感到害怕。当说话者运用时髦的用语或俚语来回答每个问题，并根据小报和电影中的陈词滥调来思考和行动时，这便表明他在评价和批评他人时缺乏同理心。不用说，很多人都不会改换其他方式进行思考，这就证明他们心灵发育的迟缓。

Ⅲ 学生般的不成熟

我们经常遇到这样的人，他们给人的印象是好像在读书生涯的某个阶段就不再成长，并且从未超越"预备学校"的阶段。不论是在家、职场还是在社会中，他们都表现得像个学生一样，专心地倾听，同时期盼有机会说些什么。他们总是迫不及待地回答别人在聚会上提出的任何问题，好像想要确保周围每一个人都知道自己也知晓一些与这个话题相关的知识，并期待能用一份优秀的成绩报告来证明它。对这些人来说，最重要的一点是他们只有在明确的固定生活模式中才会感到安全。每当处于不适合做出学生行为的情况下，他们就会感到焦虑和不安。不同智力水平的人都会表现出这一特点。缺乏同情心的个体看起来冷淡、严肃、难以靠近，或者，他们会试图将自己塑造成一个从基本原理出发了解每一门学科的形象，要么直接就懂得一切，要么会根据预先确定的规则和公式对其进行分类。

Ⅳ 学究和迂腐之人

这种学究类型中非常有趣的一种表现是，根据自己认为适用于所有情况的原则将每项活动和每件事都进行归类。

他们相信这一原则，不会放弃它，一旦不能按照它来解释一切，他们就会感到不舒服。他们是枯燥乏味的学究。我们有这样的印象，他们感到自己很不安全，必须将所有生活挤进一些规则和程式当中，以免自己过于害怕。面对没有规则和程式的状况，他们只能逃避。如果碰到有人玩他们不擅长的游戏，他们就会感到屈辱和不快。很明显，人们通过这种方法可以行使很大的权力。想想那些不可胜数的不合群的"有良知的反对者"。我们知道，这些过度有良知的人受到了无止境的虚荣和统治欲望的驱使。

即使他们是出色的工作者，这种枯燥乏味的学究态度也是显而易见的。他们没有开创性，眼中只有自己的利益，总是充满异想天开的念头。例如，他们会养成在楼梯外侧行走的习惯，或者只踩着人行道的裂缝而行。还有的人不惜任何代价坚持走自己习惯的道路。所有这些类型的人都对现实生活中的事情没有多少同情心。他们浪费了大量的时间制定原则，总有一天，他们会变得无法与自己以及周围的环境和谐共处。当未曾习惯的新情况出现时，他们便会一败涂地，因为他们没有做好解决它的准备，他们认为没有规则和有魔力的程式就什么也做不了。他们会审慎地避免一切变化。例如，他们很难适应春天，因为他们早已习惯了冬季。随着天气转暖，外出机会的增多引起了他们的恐慌，他们不得不与别人进行更多接触，这令他们感觉很糟糕。这些人会抱怨自己在春天感觉更不舒服。由于难以应对新的情况，他们往往会选择几乎不需要开创性的职位。只要他们不改变自己，任何雇主都不会将他们安排在其他职位上。这些并不是遗传的特征，也不是不可改变的表现，而是一种对生活的错误态度，它以强大的力量占据了他们的心灵，彻底控制了他们的人格。最终，这样的个体便无法摆脱其根深蒂固的偏见。

V　顺从

充满卑屈精神的人同样无法很好地适应需要开创性的职位。他们服从别人的命令时会感到轻松愉悦。这类人是按照别人的规定和准则生活的，他们几乎不由自主地寻求被奴役的位置。这种卑屈的态度体现在生活中各种各样的关系中。我们推测它会通过外在的举止表现出来，这种举动通常表现为一种弯腰和畏缩的姿态。他们在别人面前俯身，认真聆听每个人说的话，不是想要权衡和斟酌它们，而是为了执行他们的命令，附和与再次确认他们的看法。他们以顺从为荣，这种顺从有时甚至达到令人难以置信的程度。有些人发现使自己屈从于他人才是真正的乐趣。我们绝不会认为那些总想统治一切的人是理想的类型，不过，我们想展示那些觉得顺从就是解决问题的真正方法的人生活中更黑暗的一面。

对于许多人来说，顺从可谓是生存法则。我们这里所指的不是那些从事用人工作的人。我们谈的是女性。女性必须顺从，这是一条虽未成文却根深蒂固的法则，也是许多人都赞同的稳固信条。他们认为女性来到世界上就只是为了顺从他人。这样的想法毒害和破坏了一切人际关系，却无法被消除。甚至很多女性自己都认为这是她们必须遵守的永恒法则。但是，我们从未发现有人从这样的观念中获得了什么好处。总会有人抱怨说，如果女人没有那么顺从的话，一切都会变得更好。

撇开人类的心灵不会毫无反抗地忍受顺从这点不谈，一个顺从的女人迟早会变得非常依赖他人，缺乏社交能力，就像下面这个例子表明的一样。一名女子为爱嫁给了一个有名的男人。她和丈夫都很赞同女性必须顺从的观点。随着时间的推移，她变得像一台机器一样，生活中除了责任、服务和更多的服务以外什么也没有。所有独立的姿态都从她的生活中消失了。周围的人也已经习惯了她的顺从，没有人特别反对，但是也没有人从这种沉默中获益。

由于这个例子涉及的人相对有教养，这种情况没有变为更大的麻烦。但是我们要考虑到，在很大一部分人那里，女性的顺从就是她不言而喻的命运，于是我们意识到，这种观点中潜藏着大量导致冲突的原因。如果丈夫把顺从当作是理所当然的，那么他可能会随时动怒，因为实际上这样的服从是不可能的。

我们发现，满脑子都是顺从思想的女性会特地寻找专横或者野蛮的男人。这种不自然的关系迟早会演变为公开的战争。人们有时会产生这样的印象：这些女人想让女性的顺从显得荒唐可笑，并证明那是愚蠢的行为！

我们已经知道摆脱这些问题的方法。当一对男女一起生活时，他们必须在一种同伴式的分工条件下生活，也就是说，他们不会征服对方。如果目前这只是一种理想，那么它至少提供给了我们一个衡量个体的文化发展程度的标准。顺从问题不仅出现在两性关系中，给男性带来了无数不可解决的难题，它在国家生活中也起着重要作用。

古代社会在奴隶制度的基础上建立起整个经济状况。也许如今绝大多数人都来源于奴隶家庭，好几百年过去了，其间两个阶层的人生活在完全陌生和对立的状态中。确实，某些民族至今仍然保留着种姓制度，服从以及奴役在这些民族中依旧存在，并且可能随时都会产生某种特定类型的人。在古代，人们往往认为劳动有辱人格，唯有奴隶才会劳动，主人一般不会用普通的劳动来玷污自己，他不仅是指挥者，而且具有一切有价值的性格特征。统治阶级都由"最优秀的人"组成，希腊语"Aristos"一词就是这个意思。贵族是由"最优秀的人"构成的统治阶层，但是，"最优秀的人"完全是由权力而不是由德行和品质来决定的。只有奴隶才会被检验和分类，而贵族是掌权者。

在现代，我们的观点仍受到奴隶制度和贵族制度的影响。拉近人类关系的必要性剥夺了这些体制的所有价值。伟大的思想家尼采主张应该由最优秀的人来统治其他所有人。如今，我们很难根除将人划分为主仆的想法，难以实现人人平等。然而，仅仅具有人人绝对平等的新观念就是一种进步，它能帮助我们避免在行为方面犯下大错。有些人的奴性深入骨髓，他们只有在需要感激别人的时候才会感到幸福。他们永远在为自己辩解，似乎他们在这个世界上的生存本身都需要这种辩解。我们绝不能误以为他们甘愿如此。在大多数情况下，他们都会感到不快乐。

VI 专横

和方才所说的顺从的个体形成鲜明对比的就是专横的个体，他们必须占据主导地位，并且急于承担重要角色。他一生中只关心一个问题："我如何才能超越别人？"这会带来各种各样的失望。在一定程度上，如果没有过多敌对的攻击行为，专横的性格特征或许是有用的。我们会发现，所有负责人中都少不了专横的人。他们寻求有利于命令和组织的职位。在动乱时期（例如国家爆发革命的时候），这种性格就显现了出来。可以理解，这样的人会在这种时候出现，因为他们有适当的姿态、适当的态度和愿望，而且通常也有承担领导角色的必要准备。他们习惯于在自己的家里发号施令。除非能扮演国王、统治者或者将军，否则任何游戏都不能满足他们。其中有一些人，如果别人在发号施令，他们连最微小的事情也做不了；一旦必须服从别人的命令，他们就会变得激动和焦虑。在承平年代，无论是在商业还是社会中，我们都会发现他们成了小团体的头目。他们总是身居重要位置，因为他们推动自身前进，并且表达的欲望强烈。尽管我们并不赞同如今社会对这些人过高的赞誉，但只要他们不干扰生活的规则，我们也就对他们没有什么意见。他们也不过是面临深渊的人，因为他们不能与普通人和睦相处，成不了最好的队友。他们一辈子都在竭尽全力，直到以某种方式证明了自己的优越性才能如释重负。

Ⅶ 情绪和气质

有些人对待生活及其任务的态度很大程度上由自己的情绪或者气质决定，如果心理学将这种性质归因于遗传因素，那就大错特错了。情绪和气质不是遗传而来的。它们常见于野心过大因而过于敏感的人，他们会通过各种各样的逃避来表达对生活的不满。他们的过度敏感就像一个向外伸出的触角，在接近目的地之前，他们用它来探测每一个新的情况。

然而，有些人的情绪似乎总是十分愉快。他们不遗余力地营造欢乐的氛围作为生活的必要基础，总是强调生活的光明面。我们发现，这类人里面也可以细分为不同的类型。有的人童心未泯，表现出的孩子气令人感动。他们不会选择逃避，而是以某种有趣的、孩子气的方式来完成任务，好像把任务当作游戏或者谜题。也许没有哪种人的态度比他们更具有同情心、更美好了。

但是，其中有些人太过乐观，会用同样孩子气的手段去处理更严肃的问题。有时，这对于生活的庄重性来说非常不恰当，甚至会给人以不好的印象。看着他们工作会让我们心里七上八下，他们看上去并不负责，因为他们总想着不费力气就能解决问题。结果，他们不会被委以困难的任务，通常，他们也会主动回避困难的任务。不过，我们不能不赞颂它一下就结束对这种类型的讨论。事实上，人们乐意与这类人一起工作。他们与那些满面愁容的人形成了鲜明对比。快乐的人比悲观者更容易受欢迎，后者总是抱有一种悲伤和不满的态度，只能看见每种情况的阴暗面。

Ⅷ 不幸

任何对立于公共生活的绝对真理和逻辑的人迟早会在人生的某个阶段尝到恶果，这是心理学上不言而喻的道理。通常，犯下这些严重错误的人不会从经验中吸取教训，而是将自己的不幸看作降临到他们头上的不合理的事故。他们一生都在表明自己有多么倒霉，以证明自己之所以一事无成，是因为他们的一切努力都以失败告终。我们甚至会发现，这些不幸的人往往会因为自己的厄运而沾沾自喜，就好像那是某种超自然力量造成的结果。然而，我们仔细审视之后就会明白，这不过又是虚荣心在作祟而已。他们表现得就好像某个恶毒的神灵在想方设法迫害他们一样。雷雨交加的天气里，他们觉得自己会被闪电劈到。他们担心家里进贼。一旦发生了任何不幸，他们都确信会被自己碰上。

只有把自己当作一切中心的人才会产生如此夸张的想法。不断遭遇不幸的人看似谦卑，但实际上，他们被一种顽固的虚荣心影响，所以感到所有敌对力量都在向他们复仇。他们认为自己是强盗、杀人犯和其他讨厌家伙（例如幽灵和鬼魂）的猎物，好像所有这些人和鬼魂只会迫害他们一样，所以他们的童年生活痛苦不堪。

自然，他们的态度会从外在举止中流露出来。他们走路的姿态就好像承受着巨大的压力，于是弯着身子，这样就不会有人不清楚他们在负重前行。他们让我们联想到了终生支撑希腊神庙门廊的女像柱。他们过于重视每一件事，悲观地看待一切。不难理解为什么不好的事情总是发生在他们头上。他们受到不幸的迫害，因为他们不仅自己生活得痛苦，也影响了别人的生活。虚荣是他们不幸的根源。变得不幸是获得重要地位的一种方式！

Ⅸ 宗教狂热

有一些长期遭受误解的人退缩到了宗教信仰中，并继续做他们从前所做的事情。他们自怨自艾，把痛苦转移到满不在乎的上帝的肩膀上。他们的整个活动只与自己有关。在这一过程中，他们相信上帝，这个受到极度尊敬和崇拜的存在，会专注地关心和帮助他们，对他们的每一个行为负责。在他们看来，通过人为的手段，例如一些特别狂热的祈祷或者其他宗教仪式，也许可以获得与上帝更加紧密的联系。简而言之，我们亲爱的上帝不关心别的事情，也没别的事情可做，只会专心解决他们的麻烦，给予他们极大的关注。这种宗教崇拜中存在很多异端邪说，如果回到异端审判的旧时代，那么这些宗教狂热分子可能是第一批被烧死的人。他们对待上帝就像对待自己的同胞一样，不停地抱怨、哭诉，却从来不依靠自己或者改善周围环境。他们认为合作仅仅是别人的义务。

　　一名十八岁女孩的经历证明了这种虚荣的利己主义可能会发展到何种程度。她是一个优秀、勤奋却很有野心的孩子。她的野心表现在宗教信仰上，她总是带着极大的虔诚参加每一次仪式。有一天，她开始责备自己，因为她觉得自己的信仰太不正统，违背了戒条，时不时冒出邪恶的念头。结果，她花了一整天狠狠地指责自己，这种强烈的情绪使得每个人都以为她疯了。她在角落里跪了一天，苦苦地自责；然而，没有人因为任何事而责备她。一天，牧师为了减轻她内心罪恶的负担，向她解释说，她从来没有真正犯过罪，一定会得到救赎。第二天，这个女孩站在他面前，冲他大喊大叫，说他不配进教堂，因为他肩负起了罪恶的重担。我们不需要进一步讨论这个案例，但是它表明野心是如何影响宗教信仰的，以及虚荣心的如何使人们成为裁决美德与罪愆、圣洁与腐败、善与恶的审判者的。

快乐的人更容易接近我们，从情感上我们就可以判断出他们更富有同情心。似乎我们本能地认为这些特征是社会感高度发达的标志。

有些个体的思维过程和表达方式偶尔会给人一种造作的印象，让人无法不注意到它。有些人的想法和谈吐看起来好像他们的心灵视野受限于格言与谚语。

有些人对待生活及其任务的态度很大程度上由自己的情绪或者气质决定，如果心理学将这种性质归因于遗传因素，那就大错特错了。情绪和气质不是遗传而来的。它们常见于野心过大因而过于敏感的人，他们会通过各种各样的逃避来表达对生活的不满。

有一些长期遭受误解的人退缩到了宗教信仰中，并继续做他们从前所做的事情。他们自怨自艾，把痛苦转移到满不在乎的上帝的肩膀上。他们的整个活动只与自己有关。

第五章　情感和情绪

▌情绪本质上是人类生活的一部分。

　　情感和情绪是我们前面所提到的性格特征的强化形式。情绪表现为一种突然的释放（在一些有意识或者无意识的压力下），和性格特征一样，它们具有明确的目标和方向。我们可以称之为拥有一定时间界限的心理活动。情感不是一种难以解释的神秘现象；当适合于它们的特定生活方式和个体预定的行为模式出现的时候，它们就会出现。它们的目的是改变该个体的情况，使他受益。当一个人放弃了实现其目标的其他机制或对实现其目标的其他可能性失去信心时，这种更为强烈的活动就会出现。

　　我们又再次面对这类个体，他们被自卑感所拖累，并因此集中全部力量，付出更大的努力，采取比通常所需更为激烈的活动。通过这些艰苦的努力，他们相信自己有可能成为备受瞩目的焦点，并证明自己是成功的。正如没有敌人我们就不会生气一样，如果不考虑愤怒的目的是战胜这个敌人，我们就不能设想愤怒的情绪。在我们的文化中，仍然有可能通过这些增强的活动来达到目的。如果通过这种方式无法获得认可，那我们就会更少发脾气。

那些没有充足信心实现目标的个体，不会因为感到不安而放弃自己的目标，他们会尝试凭借更大的努力，并在情感和情绪的辅助下来达到目标。通过这种方法，被自卑感侵蚀的个体便会凝聚自己的力量，试图以某种残忍、野蛮的方式达成渴望的目标。

由于情感和情绪与人格的本质息息相关，所以它们并非孤立个体的孤立特征，而是经常或多或少地出现在所有人身上。不论是谁，只要处于适当的场合，都会表现出某种特殊的情绪。我们可以称之为情绪能力。这些情绪本质上是人类生活的一部分，我们都能够感受到它们。我们一旦对某个人有了相当深入的了解，即使没有真正接触过他，也能够推测出他平时的情感和情绪。由于身体和心灵的联系相当紧密，因此，这种深深根植于心灵的情感和情绪现象很自然地就会表现出对身体的影响。伴随情感和情绪的生理现象通常表现为血管和呼吸器官的各种变化，例如脸色涨红、面色苍白、脉搏加快以及呼吸频率的变化。

I 分离性情感

A 愤怒

愤怒是一种情感，它是争取权力和统治地位的真正象征。这种情绪非常清楚地表明，它的目的在于迅速而有力地摧毁挡在愤怒者面前的一切障碍。以往的研究告诉我们，愤怒的个体会努力动用自己的全部力量来争取优越感。对认可的追求有时会蜕变为对权力的不折不扣的沉迷。当这种情况发生时，有的人会对削弱他们权力感的最轻微的刺激做出反应，表现为勃然大怒。他们相信（也许是基于以前的经验）通过这种机制很容易就能为所欲为，战胜对手。这种方法并不高明，但是在大多数情况下都很管用。对于大多数人来说，不难记起他们是如何通过偶尔爆发的愤怒来重新获得威望的。

有时，愤怒的爆发很大程度上是有正当理由的，我们在此不考虑这类情况。我们所说的愤怒是指对于个体来说始终存在的情感，是一种习惯性的、表现明显的反应。实际上，有些人还从愤怒中总结出一套方法，他们之所以引人瞩目是因为他们没有其他解决问题的方式。他们通常非常傲慢，极度敏感，不能容忍比他们更优秀甚至同等水平的人，只有自己占据优势才能感到幸福。因此，他们目光犀利，时刻警惕，以免别人离他们太近，或者没有足够重视他们。不信任这种性格特征常常与他们的敏感联系在一起。他们无法相信同胞。

伴随他们的愤怒、敏感和不信任还会出现其他相关的性格特征。在困难更为严重的情况中，可以设想一个非常有野心的人，他惧怕每一项重要任务，因而无法适应社会。如果他遭到拒绝，那么他只有一种回应方式。他以一种令旁人非常不快的方式提出抗议。例如，他可能会打碎一面镜子，或者毁坏一个价值不菲的花瓶。如果他事后用"不知道自己在做什么"来为自己辩解，那么我们不大能相信他。他企图伤害周围的人的愿望显而易见，因为他总是摧毁有价值的东西，却从来不将自己的愤怒局限在毫无价值的物品上。他的行为是有一定计划的。

尽管这种方法在较小的范围内取得了一定的成功，然而一旦圈子扩大，它就失去了效用。因此，这些习惯性愤怒的人很快就会不停地与世界发生冲突。

伴随愤怒所表现出的外在态度十分常见，甚至一提到愤怒，我们脑海中就会出现一个暴躁的人物形象。其中非常明显的就是对世界的敌视态度。愤怒意味着几乎彻底否定了社会感。对于权力的争夺表现得异常激烈，甚至很容易就想到对手的死亡。我们可以通过解释所观察到的各种情绪和情感来实践对人性的认识，因为它们是性格最清晰的表现。我们必须将暴躁、愤怒和恶毒的人当作社会和生活的敌人。我们必须再次提醒大家，这些人对权力的追求建立在他们自卑感的基础之上。意识到自身力量的人没有必要表现出攻击性的、暴力的行为与姿态。这一事实不容忽视。愤怒爆发的过程清晰地展现出了自卑感和优越感的程度范围。以牺牲他人为代价来提高自己的个人评价是一种非常低劣的手段。

酒精是导致愤怒表现最重要的因素之一。通常少量的酒精就足以达到这种效果。众所周知，酒精会减弱或去除文明的约束。喝醉酒的人往往表现得就像未开化的野蛮人一样，他无法控制自己的行为，也不能为他人考虑。在没有喝醉的时候，或许他能够掩饰自己对人类的敌意，拼命地抑制这种倾向。一旦喝醉，他的真实性格就会暴露出来。那些与生活无法和谐相处的人往往是率先开始喝酒的人，这绝非偶然。他们在酒精中发现了自我安慰和忘却烦恼的方法，也为无法达成目标的事实找到了借口。

孩子发脾气的次数远远超过了成年人。有时，一件微不足道的小事就足以让孩子生气。这是因为他们自卑感更强，于是以更加明显的方式展现出对权力的追求。其实，生气的孩子正在争取认可。他觉得每一个障碍看起来即使不是不可逾越，也都异常困难。

当愤怒的表现超出了一般的咒骂和怒斥时，实际上可能反而会对愤怒者自身有害。在这方面，我们最好提一下自杀的性质。在自杀的案例中，我们发现自杀者有伤害亲友的企图，并且会因为所遭受的失败而为自己报仇。

B 悲伤

悲伤的情感出现在个体无法安慰自己损失的时候。悲伤，和其他情感一起，是对不悦或者软弱所做出的补偿，相当于试图确保一种更好的状况。从这一层面来讲，它与发脾气的作用差不多。二者的不同之处在于，悲伤是由于其他刺激产生的，以不同的态度为标志，并采用了不同的方法。与其他所有情感一样，这一情感也存在对优越感的追求，然而愤怒的个体试图通过贬低对手来提高自我评价，而他的愤怒直指自己的对手。悲伤实际上相当于心理前线的收缩，这是随后出现的扩张的先决条件，在这种扩张中，悲伤的人实现了个人的提升和满足。但这种满足是一种释放，一种针对周围人的行动，尽管与愤怒的情况不同。悲伤的人开始抱怨起来，并且带着满腹怨言站到了同胞的对立面。虽然悲伤是人的本性，但它的过度表现就是对社会的敌意。

悲伤的人通过周围人的态度来实现自我的提升。我们知道，通过别人对他们的服务、同情、支持、鼓励，或者为他们的利益做出切实的贡献，悲伤者发现自己的处境变得更舒适、轻松。如果心理释放能借助眼泪和巨大的悲伤成功，那么很明显，悲伤的人通过让自己成为反对现存秩序的审判者和批评者，或者原告，实现了自己超越周围人的提升。他由于悲伤对周遭的要求越多，他的索取就越是显而易见。悲伤成了无可辩驳的理由，将不可推卸的责任强加在周围的人身上。

这种情感清楚地表明软弱者对优越性的追求，以及保持自己的地位、逃避无力和自卑感的企图。

C 情绪的滥用

人们一旦发现情感和情绪是一种克服自卑感、提升人格以及获得认可的宝贵工具，就会明白它们的意义与价值。表达情绪的能力在心理生活方面有着广泛的应用。孩子一旦知道可以通过愤怒、悲伤或者哭泣（都源自一种被忽视的感觉）来控制周围的人，就会反复验证这种支配他人的方法。这样一来，他很容易形成一种行为模式，对那些不重要的刺激做出典型的情绪反应。无论何时，只要情绪可以满足需要，他就会利用它们。专注于情绪是一种坏习惯，有时还会变得病态。当这种情况出现在童年时期时，我们发现这些人成年后始终在滥用自己的情绪。我们眼前会出现这样一幅画面：个体以一种玩闹的方式运用愤怒、悲伤以及所有其他情感，就好像它们是木偶一样。这种毫无价值而且往往令人不快的做法使得情绪丧失了它的真正价值。这样的人遭到拒绝或者个人统治地位受到威胁时，就会习惯性地以玩闹行为表现情绪。有时，表现悲伤的哭声过于强烈以至于令人讨厌，因为它太像聒噪的个人宣传。我们见到过这种人，他们给人的印象就好像在跟自己比赛可展示出多大的悲伤。

类似的滥用也会表现在情绪的生理伴随反应上。我们都知道，有些人的愤怒会对消化系统产生强烈的影响，以至于他们在生气时会呕吐。这种机制更加清楚地表明了他们的敌意。同样，悲伤的情绪可能会导致厌食，因此，悲伤的人体重会减轻，并展现出一副真正的"悲伤画面"。

我们不能对这些情绪的滥用问题漠不关心，因为它们影响了其他同胞的社会感。当周围的人对受伤害者表达友好的感情时，上述那些暴力的情感就消失了。然而，也有一些人如此渴望别人的友善，以至于希望悲伤永远不要停止，因为只有在这种状态下，由于周围同胞的友善和同情，他们才会感受到自身的人格感得到了切实的提升。

即使我们的同情心多多少少和愤怒与悲伤相关，它们依然属于分离性情绪。它们不能使人们真正靠近。实际上，通过伤害社会感，它们使人们分离开了。确实，悲伤最终会产生一种连接，但是这种连接出现得并不正常，因为**双方都没有为之做出贡献**。它使得社会感发生了扭曲，从而让另一方迟早得付出更多！

D 厌恶

厌恶也是一种分离性情感，即使它并没有其他情感表现得那么明显。从生理上来讲，当胃壁受到某种刺激时，就会产生恶心的感觉。然而，心理生活也有"呕吐"的倾向和意图。情感的分离因素正是由此而变得显而易见。随之发生的事件强化了我们的观点。厌恶是反感的表现。随之产生的表情意味着他对周围人的蔑视，以及用放弃的姿态来解决问题。这种情感很容易被滥用为摆脱不快处境的借口。假装恶心很简单，而且一旦它出现，我们就必然逃离自己所处的特定社交场合。没有哪种情感能像厌恶这样可以人为地轻松产生。通过特殊的训练，任何人都可以锻炼出容易出现恶心的能力。这样一来，无伤大雅的情感就变成了对抗社会的有力武器，或者一个让自己从中脱身的长久可靠的借口。

E 恐惧和焦虑

焦虑是人类生活中最重要的现象之一。这种情感不仅是一种分离性情绪，它还像悲伤一样，能够对同胞产生一种单方面的束缚，从而变得更加复杂。因为害怕而逃避的孩子，却跑到了别人的庇护之下。**焦虑**的机制并没有直接表现出任何优越性，事实上，它看上去是失败的证明。焦虑的人试图让自己看起来脆弱，但是此时，这种情感的连接性面向以及夹杂在这种情感中的对优越感的渴望会变得尤为明显。焦虑的人逃进另一个人的保护伞下，并且想以这种方式来强化自己，直到他们认为自己有能力面对并战胜所感受到的危险为止。

在这种情感中，我们面对的是一种深深扎根于机体的现象。它是一切生物所具有的原始恐惧的反映。人类尤其容易受到这种恐惧的影响，因为我们天生软弱，缺乏安全感。我们对生活的困难缺乏足够的认识，以至于孩子永远无法自己与生活和解。其他人必须为孩子贡献出他所缺少的一切。自出生那一刻起，孩子就感受到了这些困难，生活环境也开始影响他。在努力弥补不安全感的过程中，他总是会面对失败，从而形成一种悲观的人生态度。因此，他的主要性格特征就变成了一种寻求周围人帮助和照顾的渴望。他越是远离对生活问题的解决，就会变得越发谨慎。即使强迫这些孩子勇往直前，他们也会始终抱着退却的姿态与计划。他们总是准备好退缩，所以理所当然的，他们最常见和最明显的性格特征就是焦虑。

我们在这种情感表现的方式（例如通过模仿）中看到了对抗的出现，但是这种对抗既不带有攻击性也不是直线式展开的。当这种情感开始朝着病态方向发展时，我们就有机会清楚地洞察心灵的工作原理。在这些情况下，我们能明确地看到焦虑的人是如何急切地寻求援手，并试图将他人拉向自己，将其牢牢地拴在身边。

关于这一现象的进一步研究所引出的思考，我们已经在作为性格特征的"焦虑"那里讨论过。在这种情况下，我们面对的是那些需要别人支持和时刻关注的人。事实上，这只不过是一种主人与奴隶的关系，就好像其他人不得不来帮助和支持这个焦虑的人。进一步研究之后，我们就会发现，许多人在生活中都需要特别的认可。到目前为止，他们已经失去了独立性（这是由于他们与生活的联系不充分也不正确），因此他们通过暴力行为来获得强大的特权。不论他们寻求到多少他人的陪伴，他们依旧没有什么社会感。但是，只要表现出焦虑和恐惧，他们就可以重新建立自己的特权地位。焦虑帮助他们逃避生活的需求，并奴役周围的人。最终，它会潜入他们日常生活的每一种关系中，成为他们获得统治地位的最重要的工具。

Ⅱ 连接性情感

A 欢乐

欢乐是一种明显缩短人与人之间距离的情感。欢乐的人不会忍受孤独。渴望一起玩耍、欢聚或者一起享受某种事物的人会在寻找同伴、拥抱等类似行为中表现出幸福感。这是一种连接性的态度。可以说，它就是伸向同胞的一只手。它就像是一个人向另一个人散发出的温暖。所有连接性元素都存在于这一情感当中。可以肯定的是，我们面对的又是这种人，顺着我们经常论证的那条从下至上的路线，他们试图克服不满足感或者孤独感，以便获得某种程度的优越感。事实上，快乐也许是战胜困难的最好表现。笑声能够释放出能量，拥有给予自由的力量，它与快乐紧密相连，可以说，它就是这种情感的基础。它能超越个人，与他人的共情交织在一起。

即使是欢笑和快乐也有可能被滥用于个人目的。因此，惧怕卑微感的患者会对一场灾难性的地震表现出喜悦。当他难过的时候，他会觉得失去了力量。因此，他远离悲伤，试图朝着相反的情绪，也就是欢乐，靠近。另一种对快乐的滥用是对他人的痛苦表现出幸灾乐祸。这是一种在错误的时间或者场合表现出的欢乐，它否定并且破坏了社会感，事实上，它就是一种分离性情感，是一种征服他人的手段。

B 同情

同情是社会感最纯粹的表达方式。每当我们在一个人身上看到同情时，通常就能确定他具有成熟的社会感，因为我们可以通过这种情感来判断个体认同自己同胞的程度。

也许比同情本身更常见的是对它的习惯性滥用。其中就包括个体将自己塑造成具有强烈社会感的人；这种滥用原本就是一种过分夸大。因此，有些人为了登上报纸，不惜涌向灾难发生的现场，明明没有实际帮助受难者，却赚得了廉价的名声。还有一些人似乎总想追踪他人的不幸。这些老练的同情者和施舍者摆脱不了自己的行为，因为他们其实是在为自己营造一种优越感，即凌驾于那些据说接受了他们帮助的可怜又贫穷的受害者之上。深谙人类本性的伟大智者拉罗什富科曾经说过："我们总是打算从朋友的不幸中找到满足感。"

有人错误地将欣赏悲剧演出获得的愉悦与这种现象联系起来。据说，观众比舞台上的人物更加高尚。这对大多数人来说并不适用，因为我们对悲剧的兴趣在很大程度上源于对自我认识和自我教育的渴望。我们不会忘记这只是一场戏，我们利用它的情节来更好地为人生做准备。

C 谦逊

谦逊既是一种连接性情感，也是一种分离性情感。这种情感也是社会感结构当中的一部分，因此它与我们的心理生活密不可分。没有这种情感就无法形成人类社会。当个体的人格价值似乎正要丧失的时候，或者当他有意识的自我评价可能消失的时候，就会产生这种情感。它会强烈地体现在生理反应上，表现为外围毛细血管的扩张，同时，皮肤毛细血管充血（人们看到的现象是脸红）。这通常会发生在脸上，但是也有一些人会全身泛红。

这种情感的外在态度是退缩。这是一种孤立的表现，伴随着轻微的抑郁，类似于准备逃离一种危险的局面。眼睛低垂和羞怯都是逃避的行为，它们明确地显示出谦逊是一种分离性情感。

像其他情感一样，谦逊也会被滥用。有些人很容易脸红，以至于他们与同胞的所有关系都受到这种分离性格的危害。因此，当它被滥用时，谦逊作为孤立机制的价值就变得显而易见。

情感不是一种难以解释的神秘现象；当适合于它们的特定生活方式和个体预定行为模式出现的时候，它们就会出现。它们的目的是改变该个体的情况，使他受益。当一个人放弃了实现其目标的其他机制或对实现其目标的其他可能性失去信心时，这种更为强烈的活动就会出现。

由于情感和情绪与人格的本质息息相关，所以它们并非孤立个体的孤立特征，而是经常或多或少地出现在所有人身上。不论是谁，只要处于适当的场合，都会表现出某种特殊的情绪。我们可以称之为情绪能力。

人们一旦发现情感和情绪是一种克服自卑感、提升人格以及获得认可的宝贵工具，就会明白它们的意义与价值。表达情绪的能力在心理生活方面有着广泛的应用。

快乐也许是战胜困难的最好表现。笑声能够释放出能量，拥有给予自由的力量，它与快乐紧密相连，可以说，它就是这种情感的基础。

补篇

> 理解人性对于我们每个人来说都是必不可少的，人性科学的研究是人类心智最重要的活动。

教育概论

在此，让我们就前面的论述中偶尔提到的问题再补充一些说明，也就是关于家庭、学校和生活中的教育对心灵成长的影响。

毫无疑问，当代家庭教育在很大程度上助长了对权力的追求和虚荣心的发展。每个人都可以从自己的相关经验中吸取教训。可以肯定的是，家庭具有极大的优势，我们很难想象有比家庭更适合照顾孩子和让孩子接受适当教育的机构。尤其是在应对疾病的问题上，家庭被证明是最适合照料人类的机构。如果父母善于教育，具有必要的洞察力，能够在孩子的错误发展刚发生的时候就认识到它，并且能够通过适当的教育来纠正这些错误，我们就应该欣然承认，没有比家庭更适合保护健全人类的机构。

然而不幸的是，父母既不是优秀的心理学家，也不是好老师。不同程度的病态的家庭利己主义似乎在如今的家庭教育中发挥着主导作用。这种利己主义要求家庭中的孩子受到特殊的教育，并且被充分尊重，就好像这个孩子具有特别的价值，即使是以牺牲其他孩子的利益为代价。因此，家庭教育灌输给了孩子错误的观念，即他们必须比别人优越，并且认为自己比其他人都好，这是犯了最严重的心理学错误。所有基于父权主导的家庭都摆脱不了这种想法。

于是，邪恶出现了。这种父权统治只在很小的程度上以人类社会感为基础。它会在很短的时间里诱使个体公然或者偷偷地对抗社会感。对抗的企图从未公开。权威教育最大的缺点在于，它赋予孩子追求权力的理想，并向他展示拥有权力的快乐。每个孩子都会贪婪地想要获得统治地位，对权力虎视眈眈，并且极度爱慕虚荣。于是，每个孩子都渴望走向人生的顶峰，希望得到尊重，他迟早会要求曾经屈从于周围环境中最强大的个体的那些人也服从自己。他的错误观点必然会导致他对父母和其他人的敌视。

在目前盛行的家庭教育的影响下，孩子几乎不可能无视追求优越感的目标。我们可以从那些喜欢模仿"大人物"的幼小孩子身上看到这一点；我们同样可以在他们成人后的生活中看到这一点，这些个体的思想或者对童年生活无意识的记忆清楚地表明，他们仍然把整个世界当成自己的家庭。如果他们的态度受到阻挠，那么他们往往选择脱离这个可恨的世界。

固然，家庭也适合培养社会感。但是，我们如果记得追求权力所带来的影响和家庭中存在的权威，就会发现这种社会感只能发展到一定的程度。对于爱和温柔最初的向往和与母亲的关系有关。也许这是孩子所能拥有的最重要的经历，因为他在其中意识到存在另一个完全值得信赖的人。他学会了"我"和"你"的区别。尼采曾经说过："每个人心中的爱人形象都源自他与母亲的关系。"裴斯泰洛齐[1]还揭示了母亲是决定孩子未来与世界的关系的典范。事实上，孩子与母亲的关系决定了他之后的所有行为。

母亲的职责就是培养出孩子的社会感。我们注意到，孩子的古怪人格是由他们与母亲的关系引起的，性格发展的方向就是母子关系的标志。只要母子关系被扭曲，我们

1　裴斯泰洛齐（1746—1827），瑞士教育家。

通常都会发现孩子存在某些社会缺陷。最常见的错误有两大类。产生第一类错误的原因在于，母亲没有对孩子履行她的职责，以致孩子没有形成任何社会感。这一缺陷非常重要，它会导致许多使人不快的后果。孩子长大之后会变得像敌国的异乡人一样。如果我们想拯救这样的孩子，除了再现他母亲的角色（这一角色在他成长过程中有所缺失）之外，没有其他办法。可以说，这是唯一能够让他成为我们同胞的方法。第二类错误可能更常见，例如：母亲承担了自己的职责，但是以一种夸张而突出的方式履行它，于是导致孩子的社会感无法转移和投射到母亲以外的人身上。这样的母亲会让孩子将情感全部倾注在她的身上；也就是说，这样的孩子只会关注自己的母亲，对其他人丝毫不感兴趣。毫无疑问，他们缺乏成为合格的社会人的基础。

除了与母亲的关系，还有其他许多关键因素在教育中起着重要作用。气氛愉快的儿童室能够让孩子轻松地找到通往社会的路。如果我们记得大多数孩子必须面对的困难，他们中很少有人在生命的最初几年与世界和解或者认为人生是愉快的，那么我们就可以理解童年的第一印象对孩子来说是多么重要。这些标志指明了他们在世界上前进的方向。如果我们再加上这样一个事实，即许多孩子天生就有某种疾病，经历的只有痛苦和悲伤，大多数孩子都无法拥有使他们感到愉快的儿童室，我们就能清楚地理解为什么他们不能作为生活和社会的朋友而成长，也不能受到社会感（它在真正的人类社会才能有所发展）的激励。此外，我们还必须衡量错误的教育所带来的重要影响。严格的权威教育会彻底扼杀孩子生活中的快乐，比如为孩子清除生活中的每一个障碍，在他周围营造一种温室氛围，为孩子"安排好一切"，这种教育方式会使孩子在离开温馨的家庭环境之后无法生活。

因此，家庭以及我们的社会和文明中的教育不适合培养我们渴望的那种有价值的人类社会的同胞。它容易助长个体的虚荣心和膨胀的欲望。

还有什么可以弥补儿童发展过程中的错误并且改善这一状况的机构呢？答案是学校。但是，一项严谨的研究表明，当代形式的学校也不适合完成这项任务。如今，几乎没有哪个老师愿意承认，在目前的教学条件下，他能够认识到孩子人性方面的错误并消除它们。他对这项任务毫无准备。他的职责就是教授某一门课程，他并不关心自己所面对的人性材料。班里的孩子过多又进一步给他完成这项任务造成了困难。

还有其他机构能够弥补家庭教育的缺陷吗？可能有人会说，生活本身就可以做到。但是，生活也具有某种局限性。生活本身并不适合改变一个人，尽管有时似乎会产生这样的效果。人类的虚荣心和野心不容许生活这么做。不论一个人犯下多少过错，他都会责怪别人，或者认为自己的处境无法改变。很少有人在生活中栽了跟头或犯了错误之后停下来重新思考。我们上一章对情绪滥用的分析就证明了这一点。

　　生活本身不能让一个人产生任何本质上的改变。从心理学角度来说这是可以理解的，因为生活面对的是作为成品的人类，而他们已经形成了明确的观点，都在追求权力。生活反而成了最糟糕的老师。它不关心我们，对我们不友好，也不指点我们；它只是拒绝我们，让我们毁灭。

　　我们只能得出一个结论：唯一能够改变现状的机构就是学校！人们对学校的利用方式如果恰当，是能够让学校实现这一职责的。到目前为止，总是出现这样的情况：控制学校的人把它改造成满足自己虚荣心和充满野心的计划的工具。如今有人叫嚣说，学校应该重新恢复旧式的权威制度。旧的权威制度难道取得了任何好结果吗？这个害人不浅的权威制度怎么会突然变得有价值？我们的家里已经存在权威，甚至在家里的情况还要好得多，然而它带来的只有普遍的反抗。那么，凭什么学校的权威就会是好的？任何自身没有得到认可却强加给他人的权威都不是真正的权威。太多的孩子上学时都觉得老师只是国家的员工。将权威强加给孩子必然会给他的心理发展带来不良的后果。权威不能依靠强制的力量，它只能以社会感为基础。学校是每个孩子在心理发展过程中所经历的一个场所。因此，它必须满足心理健康成长的需要。只有当学校与健康心理发展的必要条件相一致时，我们才能说它是一所好学校。只有这样的学校，我们才能认为它是适合社会生活的学校。

结论

在本书中，我们试图表明，心灵来自一种在生理和心理层面都起作用的遗传物质。它的发展完全受到社会影响的制约。一方面，生物体的需求必须得到满足，另一方面，人类社会的需求也必须得到满足。心灵在这种背景下发展，而它的成长是由这些条件所引导的。

我们进一步研究了它的发展过程，讨论了感知、回忆、情绪和思维的能力，最后介绍了性格和情感的特征。我们已经证明，所有这些现象都是不可分割、紧密相连的。一方面，它们遵从于公共生活的规则，另一方面，它们受到个体追求权力和优越性的影响，从而以一种具体的、个人的与独特的模式表达自己。我们已经表明，根据具体案例中社会感的发展程度，个体对优越性目标的追求被社会感改变，从中是如何产生特定的性格特征的。这些特征不是遗传而来的，它们的发展符合产生心理发展之本源的镶嵌模式，并且朝着统一的方向去实现每个人或多或少意识到的始终存在的目标。

我们已经充分地讨论过一些性格特征和情感，它们对于理解人性具有非常重要的价值，而还有一些则被省略。我们已经表明，每个人都有一定程度的野心和虚荣心，这是因为每个人都在追求权力。在这种表现中，我们可以清楚地了解到他对权力的追求以及行为方式。我们还阐述了野心和虚荣的过度滋长会阻碍个体的正常发展。社会感的发展因此受到阻碍，甚至变得不可能。由于这两种特征的令人不安的影响，不仅社会感的发展会被抑制，渴望权力的个体也会被引向自身的毁灭。

在我们看来，这种心理发展的规律是无可辩驳的。对于任何一个希望有意识和公开地安排自己的命运，而不愿意让自己受害于阴暗和神秘倾向的人来说，这是最重要的指标。这些研究是人性科学的实验，唯有通过这种方式，这门科学才能被教授或培养。理解人性对于我们每个人来说都是必不可少的，人性科学的研究是人类心智最重要的活动。

权威教育最大的缺点在于，它赋予孩子追求权力的理想，并向他展示拥有权力的快乐。每个孩子都会贪婪地想要获得统治地位，对权力虎视眈眈，并且极度爱慕虚荣。

家庭以及我们的社会和文明中的教育不适合培养我们渴望的那种有价值的人类社会的同胞。它容易助长个体的虚荣心和膨胀的欲望。

生活本身不能让一个人产生任何本质上的改变。从心理学角度来说这是可以理解的，因为生活面对的是作为成品的人类，而他们已经形成了明确的观点，都在追求权力。生活反而成了最糟糕的老师。它不关心我们，对我们不友好，也不指点我们；它只是拒绝我们，让我们毁灭。

只有当学校与健康心理发展的必要条件相一致时，我们才能说它是一所好学校。只有这样的学校，我们才能认为它是适合社会生活的学校。

图书在版编目（CIP）数据

理解人性 /（奥）阿尔弗雷德·阿德勒著；雍寅
译.— 长沙：湖南人民出版社，2022.1
ISBN 978-7-5561-2817-4

Ⅰ.①理… Ⅱ.①阿… ②雍… Ⅲ.①个性心理学 Ⅳ.
①B848

中国版本图书馆CIP数据核字（2021）第216999号

理 解 人 性
LIJIE RENXING

[奥]阿尔弗雷德·阿德勒 著 雍寅 译

出 品 人	陈 垦
出 品 方	中南出版传媒集团股份有限公司
	上海浦睿文化传播有限公司
	上海市巨鹿路417号705室（200020）
责任编辑	曾诗玉
装帧设计	祝小慧
责任印制	王 磊
出版发行	湖南人民出版社
	长沙市营盘东路3号（410005）
网 址	www.hnppp.com
经 销	湖南省新华书店
印 刷	深圳市福圣印刷有限公司

开本：880mm×1230mm 1/32 印张：10.5 字数：168千字
版次：2022年1月第1版 印次：2022年1月第1次印刷
书号：ISBN 978-7-5561-2817-4 定价：52.00元

浦睿文化
INSIGHT MEDIA

出 品 人：陈　垦
出版统筹：胡　萍
监　　制：余　西
策 划 人：廖玉笛
编　　辑：李佳晟
装帧设计：祝小慧

欢迎出版合作，请邮件联系：insight@prshanghai.com
新浪微博 @浦睿文化